Ahmed Jebrane

Du cyber asservissement à l'immortalité numérique

Ahmed Jebrane

Du cyber asservissement à l'immortalité numérique

Éditions Muse

Imprint

Cover image: www.ingimage.com

Publisher:
Éditions Muse
is a trademark of
Dodo Books Indian Ocean Ltd., member of the OmniScriptum S.R.L Publishing group
str. A.Russo 15, of. 61, Chisinau-2068, Republic of Moldova Europe
Printed at: see last page
ISBN: 978-620-3-86475-5

Du cyber asservissement à l'immortalité numérique...

Ahmed JEBRANE

SOMMAIRE:

PROLOGUE

Posons nous un bref instant la question de l'existence de choses telles que les anges, les démons et Dieu. Leur réalité ou leur absence n'est pas pertinente pour cette discussion, ce qui est pertinent à leur sujet, c'est qu'Internet a des rôles ou des positions analogues à de telles choses.

Imaginez un instant qu'Internet soit comme un monde parallèle. A l'heure actuelle, c'est un «sous-monde», mais à mesure que la technologie progresse, il devient de plus en plus réel. Maintenant, disons un instant que Monsieur X a en fait inventé Internet, et qu'il en était même maintenant encore responsable, d'une manière tout à fait légitime et faisant autorité. Eh bien, alors il serait le «dieu» d'Internet, n'est-ce pas? Actuellement, il n'y a personne qui contrôle Internet, juste divers groupes contrôlant divers domaines, certains se disputant le pouvoir, certains satisfaits de ce qu'ils ont. Internet est donc plutôt polythéiste. Il y a des «dieux» pour différentes choses: qu'il s'agisse d'attribuer des adresses IP, d'hébergement de blogs, de médias sociaux, de fournisseurs de contenu, etc. A partir de là, la notion de «dieu» commence à échouer. Ces entités polythéistes ne sont pas tant des dieux que des groupes d'êtres inférieurs.

Ce que Dieu a forgé, étaient les mots transmis en 1844 par Samuel Morse pour inaugurer officiellement la ligne télégraphique reliant la chambre de la Cour suprême à Washington à une plate-forme à 15 miles à l'extérieur de Baltimore. L'Internet d'aujourd'hui génère certains des mêmes débats que l'Internet victorien a mené il y a plus d'un siècle et demi, dans lesquels la promesse et les dangers d'un réseau étonnamment performant sont liés à la manière dont nous nous comportons lorsque nous l'utilisons. L'objectif des inventeurs du télégraphe était de transmettre instantanément des renseignements sur n'importe quelle distance, mais pour le meilleur ou pour le pire, la technologie s'est rapidement impliquée dans toutes sortes d'activités humaines, des romances clandestines aux stratagèmes de manipulation des stocks, crimes et guerres. Il en va de même avec Internet.

Internet n'a pas de «dieu» unique et à la place il a des groupes d'individus qui se rapprochent des dieux mineurs. En ce qui concerne Internet, nous, utilisateurs individuels, ne sommes pas des dieux: nous sommes comme des anges ou des démons. Dans la théologie chrétienne, les anges et les démons n'existent pas à l'intérieur de notre monde; ils existent en dehors de l'espace et du temps et interagissent plutôt avec le monde en n'ayant pas une «présence» mais un «point d'action». C'est exactement ainsi que tout humain travaille avec Internet. Nous ne «vivons» ni n'existons de quelque manière que ce soit «sur» Internet. Nous existons ici «dans la vraie vie» et sur internet nous «surfons» dans un monde virtuel en déplaçant notre point d'action d'un endroit à l'autre. Ce parallèle me fascine car c'est un exemple de technologie qui commence à modifier radicalement la façon dont les humains peuvent agir dans le monde. Sur Internet, nous ne ressemblons plus autant à des singes qu'à des anges - le parallèle est là, que vous pensiez que la théologie est superflue ou non.

Un groupe d'anges et de démons peut se réunir en coopération pour se rapprocher d'un dieu mineur, comme décrit ci-dessus. Ces groupes coopèrent généralement, mais pas toujours. Des groupes comme Anonymous jettent des clés dans le système, de même que divers gouvernements. Mais dans l'ensemble, Internet n'a jamais été menacé d'effondrement (du moins pas encore...); il existe de manière stable, soutenue uniquement par des «anges», et bien sûr par notre réalité «réelle» elle-même. Internet est un polythéisme de synthèse angélique.

La technologie change le monde de manière si intéressante et de manière si inhabituelle que nous devrons peut-être recourir à nos traditions théologiques et mythologiques pour mieux la comprendre. Le langage purement technique n'est pas suffisant pour la plupart d'entre nous. Les magiciens de la technologie comprennent ce genre de choses, ce n'est pas le cas avec nous, les anges mineurs. Cela aide, mais nous le comprenons différemment et peut-être mieux en faisant une analogie avec des histoires qui ont plus de sens: les histoires de notre passé ancestral humain.

La grande différence, bien sûr, avec les théologies et les mythes du passé est que maintenant nous sommes les entités dans les histoires, pas seulement leurs sujets. C'est une nouvelle page de l'histoire, où technologiquement et psychologiquement nous nous sommes frayés un chemin jusqu'à la scala natura, de l'animal vers l'ange et le dieu. Nous ne pouvons être de tels êtres que dans un sens dérivé et virtuel, mais la vérité est que cela n'a jamais été le cas auparavant en aucun sens . Cela vaut la peine de réfléchir alors que nous continuons sur cet arc de progrès, alors que les théologies et mythologies dérivées et virtuelles se développent dans la réalité. Et la question que je pose est la question éthique: «Sommes-nous prêts pour cela?»

Le problème est que nous n'avons pas mis au point un dispositif de détection dans notre cerveau pour faire la distinction entre les vrais et les faux modèles. Nous faisons donc deux types d'erreurs: une erreur de type I,laquelle consiste à croire qu'un modèle est réel alors qu'il ne l'est pas; une erreur de type II, qui consiste à ne pas croire qu'un modèle est réel quand il l'est. Si vous pensez que le bruissement dans l'herbe est un prédateur dangereux alors que ce n'est que le vent (type I), vous avez plus de chances de survivre que si vous croyez que le bruissement dans l'herbe est juste le vent quand c'est un prédateur dangereux (type II). Parce que le coût d'une erreur de type I est inférieur au coût d'une erreur de type II et qu'il n'y a pas de temps pour une délibération minutieuse entre les patterns dans un monde d'interactions prédateur-proie.

Deux observations de longue date sur le comportement cognitif humain fournissent les bases de la façon dont les gens forment leurs croyances. L'un est la capacité du cerveau à percevoir des schémas même dans des phénomènes aléatoires. L'autre est sa volonté de désigner une agence , une action intentionnelle, comme cause d'événements naturels. Les gens sont ainsi enclins à former des croyances surnaturelles basées sur la patternicité et l'agenticité.

L'agenticité nous porte bien au-delà du monde des esprits. On dit que le concepteur intelligent est un agent invisible qui a créé la vie de haut en bas. Les extraterrestres sont souvent décrits comme des êtres puissants qui descendent d'en haut pour nous avertir de notre auto destruction imminente. Les théories du complot incluent de manière prévisible des agents cachés dans les coulisses, des maîtres de marionnettes tirant les ficelles politiques et économiques alors que nous dansons sur l'air des Bilderbergers, des Rothschild, des Rockefeller ou des Illuminati. Même la croyance que le gouvernement peut imposer des mesures descendantes pour sauver l'économie est une forme d'agenticité. Le président Barack Obama était présenté comme «celui» aux pouvoirs presque messianiques qui sauverait le monde.

Il existe maintenant des preuves substantielles issues des neurosciences cognitives que les humains trouvent facilement des modèles et leur confèrent une action. Un tiers des patients transplantés estiment que la personnalité du donneur est transplantée avec l'organe.

Pour revenir à Internet, autrefois un moyen de communication obscur pour les universitaires et les chercheurs, il soutient désormais presque toutes les activités humaines que vous pouvez imaginer, du shopping au sexe, de la recherche à la rébellion. Nous l'utilisons pour rester en contact avec des amis et des collègues, rechercher des bonnes affaires, mener des recherches, échanger des informations, rencontrer des inconnus, faire éclore des complots. L'explosion d'Internet s'est produite si rapidement que nous n'avons pas eu beaucoup de temps pour nous éloigner du médium et le considérer plus systématiquement, comme un nouvel environnement qui peut avoir des effets puissants sur notre comportement. C'est un endroit où nous, les humains, agissons et interagissons parfois de manière assez étrange. Parfois, ses effets semblent assez positifs, mais parfois, nous faisons des choses en ligne que nous pourrions ne jamais faire dans aucun autre environnement, et que nous regrettons plus tard.

La plupart d'entre nous pénètrent dans le cyberespace, cependant, en ne réfléchissant guère à sa personnalité en ligne, comment nous rencontrons les personnes avec lesquelles nous interagissons en ligne. Souvent, ces personnes nous sont déjà connues parce qu'elles sont des amis, des membres de la famille ou des associés en affaires, et elles interpréteront tout ce que nous projetons par courrier électronique, groupes de discussion ou pages Web personnelles dans le contexte des personnages familiers de la vie réelle. Si nous semblons durs ou brusques dans un e-mail, ils peuvent tempérer les conclusions en fonction de ce qu'ils savent déjà de nous. Cependant, la personnalité en ligne joue de plus en plus un rôle plus important dans les premières impressions, car les gens comptent davantage sur les e-mails, les sites Web et les forums de discussion pour le premier contact, et moins pour les appels téléphoniques, les lettres ou les réunions en face à face. Pour certaines relations Internet.

Les ordinateurs, Internet, les téléphones mobiles et la puissance informatique massive ont fondamentalement changé la façon dont les gens vivent, se perçoivent, interagissent avec les autres et passent leur temps. Le contexte de la vie humaine a été radicalement changé par la technologie numérique, et il est essentiel de comprendre comment tout cela influence la psychologie humaine, le développement et peut-être même le cerveau. La cyberpsychologie est la branche de la psychologie dédiée à l'étude de l'intersection de la psychologie et de toutes les facettes de la technologie, en particulier la technologie numérique et informatique. La psychologie de l'Internet consiste à essayer de comprendre comment les gens se comportent en ligne et quels changements s'opèrent dans leur cerveau au fur et à mesure qu'ils le font.

Il y a quelques années à peine, tout le monde pouvait parler de la manière de rendre Internet plus gratuit. Désormais, de nos jours le sujet de tout le monde est surtout la façon de le contrôler. Les éditeurs de livres et de journaux cherchent des moyens de protéger leur contenu original, les parents à protéger leurs enfants contre la cyberintimidation. Les législateurs explorent des mécanismes qui défendent la vie privée des gens. Les gouvernements essaient de trouver les moyens d'empêcher les documents classifiés de s'infiltrer sur le Web. Les entrepreneurs et les personnalités publiques ont du mal à empêcher leurs rivaux ou ennemis de les calomnier ou de calomnier leurs entreprises. Et nous sommes de plus en plus terrifiés à l'idée d'être regardés, filmés et téléchargés, à peu près aussi terrifiés que les autres sont émoustillés à regarder, filmer et télécharger.

Internet , pratique miraculeuse de la technologie, a créé une simultanéité sans précédent de fonctions morales. Julian Assange de WikiLeaks est comme une incarnation de Shiva, le dieu hindou de la création et de la destruction. Il s'avère que ce qui était récemment considéré comme une nouvelle ère courageuse de l'information, était en fait le premier spasme d'un long processus de réalignement culturel. Nous avons tous l'habitude de penser à Google comme s'il était synonyme du mot «futur». Dans 50 ans, les gens parleront de Google comme nous parlons de la Compagnie des Indes orientales. Nous vacillons toujours dans les petits pas de l'ère Internet.

Comme le démontre Evgeny Morozov dans *''The Net Delusion"*, et comme je l'ai dépeint moi même dans mon livre De la *"Démocratie à la e-dictature"*, les contradictions et les confusions d'Internet ne font que devenir visibles à travers le brouillard de l'euphorie sur Internet. Morozov s'intéresse aux ramifications politiques d'Internet comme si le potentiel libérateur d'Internet contenait également les germes de la dépolitisation et donc de la dé-démocratisation. Contrairement aux «cyber utopistes», comme il les appelle, qui considèrent Internet comme un puissant outil d'émancipation politique, Morozov soutient de manière convaincante qu'au nom de la liberté, Internet restreint ou même abolit la liberté le plus souvent. Cet orientalisme numérique se veut être la conviction que dans les sociétés répressives, Internet ne peut être une force que pour un changement politique bienveillant.

Des décennies de bavardages stupides sur les pouvoirs magiques d'une technologie de simple commodité , avaient transformé Twitter autrefois le domaine d'un groupe de hipsters ennuyés qui avaient une envie irrésistible de partager leurs plans de petit-déjeuner, en un moteur de révolution politique. Ou comme Jon Stewart l'a dit, se moquant de la croyance en la capacité d'Internet à transformer des endroits insolubles comme: «Pourquoi envoyer une armée en l'Irak et l'Afghanistan, alors que théoriquement nous aurions pu les libérer de la même manière que nous achetons des chaussures sur le net.

Les manifestations iraniennes contre ce que les manifestants croyaient être une élection corrompue ont été brutalement écrasées parce que, de nombreux Iraniens ont trouvé les élections justes. Les éléments d'une révolution réussie - la complicité de l'armée, d'une classe politique puissante, d'une population presque universellement mécontente - n'étaient tout simplement pas là. Mais les boosters d'Internet, des journalistes aux fonctionnaires du département d'État , ont succombé, à la pression d'oublier le contexte et de commencer avec ce qu'Internet permet. Ces personnes ne pensent qu'en termes d'Internet et sont sourdes aux subtilités et aux indéterminations sociales, culturelles et politiques d'une situation donnée. Ce qui a été diffusé sur Twitter et ailleurs, c'était la répression de la révolution. Le régime iranien a utilisé le Web pour identifier des photographies de manifestants; pour connaître leurs informations personnelles et leur localisation via Facebook; diffuser des vidéos de propagande; et d'envoyer la population à la paranoïa contre-révolutionnaire.

Il n'y a pas lieu de s'attendre à ce que des entreprises comme Google libèrent qui que ce soit de si tôt. Google a fait des affaires en Chine pendant quatre ans avant que les conditions économiques et les exigences de censure, et non des préoccupations relatives aux droits de l'homme, ne l'exigent. Et il est révélateur que Twitter et Facebook aient refusé de rejoindre la Global Network Initiative, un pacte engagement à l'échelle de l'industrie pour se comporter conformément aux lois et aux normes couvrant le droit à la liberté d'expression et à la vie privée inscrit dans des documents internationalement reconnus comme la Déclaration universelle des droits de l'homme.

La technologie est un vide qui attend d'être rempli du tempérament du plus fort. Et Internet, est une technologie beaucoup plus capricieuse que la radio ou la télévision. Ni la radio ni la télévision ne disposent d'un «filtrage par mots clés», qui permet aux régimes d'utiliser des URL et du texte pour identifier et supprimer des sites Web, ou, comme les spécialistes du marketing, pour collecter des informations sur les personnes qui les visitent - une tactique que de la « personnalisation de la censure. Internet a dévoilé le talon d'Achille de la démocratie. Trop souvent, le Web moralement malléable a pour effet d'écraser la communauté sous le poids de mauvais pluralismes et d'atroces diversités. À cet égard, Internet crée une anti-démocratie égalitaire dans laquelle la plus forte inhumanité piétine la rationalité et la décence les plus éloquentes.

CHAPITRE I

L'orientalisme digital.

Au cours de la dernière décennie, les institutions du patrimoine culturel du monde entier se sont lancées dans le domaine numérique en utilisant la technologie multimédia dans leurs galeries et en réévaluant l'importance de leur présence en ligne. Cependant, la fermeture des portes des musées pendant la majeure partie de 2020 a obligé à prendre en compte le virtuel dans un monde où des publics isolés ne pouvaient se connecter aux autres qu'à travers leurs écrans.

Dans ce nouveau scénario, les conservateurs et les éducateurs ont relevé le défi et ont développé de nombreuses offres innovantes pour le public COVID. Tirant parti de l'interactivité d'Internet, les expositions ont été adaptées pour être médiatisées par des ordinateurs, des tablettes et des téléphones portables. Les professionnels des musées ont également commencé à repenser les récits de collection et à modifier les pratiques de conservation traditionnelles, en s'appuyant plutôt sur certaines forces de la culture numérique telles que la transparence, la diversité, l'accès et la communication. Les plus grandes institutions ayant les moyens de financer des projets plus impliqués, comme le Metropolitan Museum of Art de New York, ont exploité la technologie d'imagerie sphérique à 360 ° pour inviter le public à explorer le musée d'une manière qui n'était pas possible auparavant.

Parmi ceux qui ont adopté le numérique dans leurs espaces virtuels et physiques, il y a le Musée national de Corée (NMK). Actuellement, plusieurs expositions de réalité virtuelle de spectacles passés sont disponibles sur le site Web de NMK ainsi qu'une chaîne YouTube volumineuse avec des vidéos de conférences, des conférences et du matériel promotionnel datant de 2013. Bien que leur engagement avec le numérique ait commencé bien avant la pandémie , le grand public n'a jamais été aussi attentif à leur présence en ligne qu'aujourd'hui.

La nature flexible et accessible de l'expérience d'exposition en ligne est un avantage certain pour les musées qui cherchent à élargir leur public et à rendre leurs collections pertinentes. Mais que se passe-t-il lorsque nos rencontres avec la culture et l'art sont filtrées à travers du code et des chiffres?

Présenter tout ce qui était censé être engagé en personne dans un format numérique sera intrinsèquement difficile. Voir un objet réel est sans ambiguïté , vous avez une idée de l'échelle, de la texture et de sa relation à l'espace par rapport à votre propre vision incarnée. Voir un objet sur un écran déforme inévitablement ces qualités et,, il manque «l'aura» de la chose phénoménologique. Pour ce que nous perdons de la rencontre viscérale, nous sommes compensés par la possibilité de passer plus de temps avec chaque image, d'explorer en profondeur de petits détails qui ne sont pas visibles dans des décors d'exposition obscurs et de voir des facettes d'objets qui sont cachés lorsqu'ils sont placés dans affichages statiques.

Dans un monde où Internet a redéfini le comportement humain grâce à des algorithmes, à l'accessibilité et à l'échelle, les expositions tant physiques que virtuelles doivent répondre aux nouvelles attentes de leurs divers publics. Dans un effort pour attirer les visiteurs contemporains, le musée a créé un contenu qui embrasse l'interactivité et l'accessibilité, mais il a également décontextualisé certains des objets les plus importants dont il a la garde. Les chercheurs, conservateurs et éducateurs travaillant dans des espaces numériques avec des objets du patrimoine culturel doivent être attentifs non seulement aux opportunités de numérisation, mais aussi à ce qui se perd lorsque notre engagement avec nos objets d'étude est médiatisé par un écran.

Dans la relation entre l'homme et la machine, l'homme perd souvent, la plupart du temps sans même s'en rendre compte. Considérez tous les musiciens pop des années 1980 qui se sont engagés avec tant d'enthousiasme avec la technologie. Moins d'une génération plus tard, leur musique est perçue comme une vitrine comique de synthés huit bits redondants et de sons de batterie à deux bits , un rappel hideux de la rapidité avec laquelle le meilleur se transforme en pourriture. C'était, dans le passé, le son du futur, quand une pléthore d'artistes compensait leur manque d'idées avec des technologies de studio: coups d'orchestre échantillonnés, syndrums, breakbeats, effets numériques et vocodeurs. Ce qui distingue le bien du mal, c'est un élément d'intérêt narratif ou discursif qui nous conduit au-delà du désir d'exotiser ou d'orientaliser la technologie et les nouvelles techniques.

CHAPITRE II

Et si Internet cessait de fonctionner...

La vie est-elle si chère ou la paix si douce qu'elle s'achète au prix des chaînes et de l'esclavage? Interdisez cela, Dieu Tout-Puissant! Je ne sais pas ce que les autres peuvent prendre, mais moi, donnez-moi la liberté ou donnez-moi la mort...

PATRICK HENRY

(acteur de la révolution américaine)

Nous avons adopté Internet via des sites Web, des blogs, des applications de téléphonie mobile, des systèmes de réservation en ligne, facebook, instagram, twitter, ainsi que de nombreux autres modes de médias sociaux, services bancaires, logiciels commerciaux en ligne, logiciels de communication basés sur Internet, etc... Face à cet outil tentaculaire, c'est un peu écrasant de réaliser à quel point nous sommes devenus dépendants pour ne pas dire addict à Internet. La simple pensée d'imaginer l'interruption brutale de cet outil, ferait frémir plus d'un à l'idée d'envisager combien de services seraient perdus, sans parler des emplois et des affaires, des informations stockées et consultées en ligne dans le cadre de notre vie quotidienne.

De nos jours, la plupart des entreprises s'appuient sur leurs services Internet d'une ou plusieurs manières. Un site Web étant un premier point d'appel pour la plupart des clients, ainsi qu'une méthode fiable pour contacter une entreprise via un formulaire e-mail, une demande de devis en ligne ou simplement fournir toutes les informations de contact nécessaires en un seul endroit accessible. L'achat en ligne via les sites de commerce électronique est une tendance en constante augmentation, ce qui rend l'acquisition de biens en ligne beaucoup plus facile que la négociation dans les rues animées.

Dans le cadre d'une panne Internet, dans une petite ville de l'État australien de Victoria, causé par un incendie du local du fournisseur de service telecom a entraîné l'absence d'Internet et de téléphone pour les résidents malchanceux. Les stations-service et les magasins locaux n'acceptaient que les espèces, les guichets automatiques étaient en panne et les retraits en espèces devaient être limités à 100 $. Ceci est un compte rendu révélateur de ce qui pourrait arriver et à quel point nous sommes liés à tout ce qu'Internet peut offrir. Alors, que pouvons-nous faire si ce n'est d'adopter ces nouvelles technologies? Avancer dans un monde qui est de plus connecté et plus rapide que jamais, et nous assurer de tirer le meilleur parti de ces opportunités et du nouveau niveau de connectivité dont nous jouissons maintenant.

En ce qui concerne les risques, nous devrions tout simplement nous obliger à conserver une copie de nos images et de nos écrits, dans un endroit sûr, en croisant les doigts pour que les systèmes que nous avons tous adopté comme la norme, seront soigneusement surveillés, maintenus et mis à jour en tant que partie intégrante de la société moderne où nous vivons. Donc, pour comprendre à quel point nous sommes pleinement immergés dans toute cette technologie, nous devons également prendre conscience de l'énorme croissance que nous avons connue; les produits et services sont plus faciles à acquérir, les entreprises sont beaucoup plus faciles à localiser et vous pouvez afficher un emplacement commercial sur une carte, en utilisant les directions sur un site Web ou à partir d'applications mobiles qui vous donneront des instructions verbales pendant que vous conduisez .

Imaginez un instant que vous vous réveillez un matin pour découvrir qu'Internet a disparu. Serait-ce apocalyptique pour nous tous? Vivre sans Google Maps pour trouver votre chemin dans une ville, avec une carte de crédit incapable de payer votre déjeuner. Serions nous capable de soutenir ce type de désintoxication numérique, ce sevrage du digital?

Nous détournons les yeux des écrans et entamerons des conversations réelles les uns avec les autres. Nous découvrirons que nos smartphones peuvent réellement passer des appels téléphoniques tout court. Finalement, le monde ne s'effondrerait pas. En fait, avec près de 4 milliards de personnes n'ayant pas accès à Internet dans le monde, la moitié de l'humanité ne remarquerait pas de différence ... Mais pas vous, puissant internaute esclave enchainé par les datas. Vous remarquerez tout de suite!

Si Internet stagnait soudainement, les utilisateurs de médias sociaux commenceraient à s'appeler au téléphone, surchargant les systèmes de télécommunication en état de marche pour s'enquérir de l'état de la bande passante. À moins que les tours de téléphonie cellulaire et les lignes téléphoniques ne soient également fermées. Ensuite, vous recommencez à écrire des lettres et à les envoyer par la poste. Oubliez les transferts de fichiers sans fil. Sans WiFi, vous devrez utiliser un câble physique pour connecter deux ordinateurs. C'est un concept assez simple qui, à l'ère d'Internet, est presque devenu une forme d'exercice pour certaines personnes.

Certaines des conséquences résultant d'un monde sans Internet seraient davantage ressenties par certaines générations. Un grand-parent de 85 ans serait peut-être encore plus à l'aise d'utiliser une ligne fixe à l'ancienne pour appeler son petit-enfant plutôt que de lui envoyer un SMS, une activité que certaines personnes utilisent actuellement des dizaines (voire des centaines) de fois par jour. Donc, plus de textos, plus de sites Web de navigation et bien sûr, dites adieu aux médias sociaux. Si vous saviez seulement que le dernier tweet que vous avez envoyé sur la tenue de Justin Timberlake pendant le spectacle de mi-temps du Super Bowl serait votre dernier... Maintenant, pensez à l'économie.

Les données financières étant généralement stockées sur un serveur, les services bancaires dépendent largement d'Internet. Les transferts électroniques seraient impossibles. Votre carte de crédit et de débit deviendrait un morceau de plastique inutile. Et qu'en est-il de tous ces bitcoins sur lesquels vous avez travaillé si dur? Eh bien, vous connaissez la réponse...

On estime que 85% des Américains utilisent Internet d'une manière ou d'une autre. L'économie mondiale est devenue de plus en plus dépendante des achats en ligne et des transactions financières. Les transferts électroniques seraient anéantis. Les gens devraient revenir en arrière pour rédiger les chèques de loyer de leurs propriétaires. Des pertes de milliers de milliards de dollars seraient ressenties par une variété d'industries à travers le monde. Les pays qui dépendent fortement d'Internet pour contribuer à leur croissance économique et à leur stabilité entraîneraient avec eux des pays moins technophiles à mesure que les canaux commerciaux construits dans le monde en ligne s'effondreraient. De plus, de grandes entreprises comme Google, Facebook et Amazon feraient faillite, perdant leur chiffre d'affaires combiné de près de 440 milliards de dollars. Avec Google lui-même ayant 80 000 employés à plein temps, des centaines de milliers de personnes seraient sans emploi. Même les entreprises qui ne comptent que sur Internet comme moyen de publicité seraient affectées. Les pays développés perdraient des industries entières et seraient confrontés à une crise économique. Qu'en est-il de ces pays avec une petite présence sur Internet?

Ils seraient également affectés, car le commerce international dépend de l'Internet. Il en va de même pour le transit du monde. Sans accès Internet entre les aéroports, les avions, les navires, les trains et le transport international et commercial terrestre, nous reviendrons au suivi des marchandises sur papier en nous contentons du simple reçu sans aucun suivi gps. Cela augmenterait la valeur marchande des produits transportés, car il serait plus compliqué de livrer les marchandises aux magasins. Au moins, vous pourrez encore voyager. Cependant, vous n'aurez plus Instagram pour partager vos selfies de voyage.

Le point de départ le plus simple est peut-être de se pencher sur la vie d'avant 1990 , l'époque des téléphones fixes, des horaires de travail de 9 heures à 17 heures et des magasins de location de VHS. Mais cette réalité historique ne répond pas vraiment à la question, car dans une histoire alternative, nous n'aurions pas su ce qui nous manquait. En plus de brouiller les frontières entre le travail et la vie à la maison, Internet a radicalement changé notre conception culturelle de la patience. Pas seulement la possibilité d'obtenir une réponse en ligne immédiatement ou une livraison le jour même. Grâce à Internet, l'anticipation d'attendre les choses a largement disparu. Une étude du comportement en ligne a fait valoir que le fait d'avoir Internet dans notre poche a fondamentalement modifié la façon dont nous formons des relations. À travers les générations, la technologie est impliquée dans cet assaut contre l'empathie. Nous avons trouvé des moyens de contourner la conversation ouverte et spontanée, dans laquelle nous jouons avec les idées et nous permettons d'être pleinement présents et vulnérables.

Le message caché dans tous ces scénarios est que si la seule façon d'imaginer de manière convaincante un monde sans Internet est d'imaginer un monde sans civilisation, alors en première approximation, Internet est devenu notre civilisation.

Internet n'est pas un moteur de voiture qui peut simplement être désactivé avec une clé. C'est un réseau flexible de plusieurs réseaux. Même si une section d'Internet devait être déconnectée à la suite d'une catastrophe naturelle, d'autres sections resteraient fonctionnelles. Internet est robuste. Cela ne dépend pas d'une seule machine ou d'un seul câble. C'est un réseau composé d'autres réseaux informatiques qui couvre le monde entier. Les connexions traversent les continents, sous les océans et dans l'espace via des satellites. Et à mesure qu'Internet s'est développé, notre dépendance à son égard a également augmenté.

Les connexions sur Internet sont flexibles. Lorsque vous utilisez votre ordinateur pour contacter une autre machine sur Internet, les données peuvent traverser l'un des millions de voies. Chaque fois que vous téléchargez un fichier, le fichier arrive sur votre appareil sous forme de paquets de données électroniques qui voyagent sur Internet. Les paquets n'empruntent pas tous le même chemin car les routes de trafic sont dynamiques. Si une connexion particulière est endommagée ou ne répond pas, les données peuvent suivre un chemin différent pour atteindre votre machine. Cela fait d'Internet une ressource de communication fiable. Même si une section entière d'Internet devait être déconnectée à la suite d'une catastrophe naturelle ou d'une attaque nucléaire, d'autres sections pourraient rester fonctionnelles. Alors que toutes les données stockées sur les machines qui ont été touchées par la catastrophe pourraient être perdues, Internet lui-même resterait.

Il est presque impossible d'imaginer un ensemble de circonstances qui pourraient provoquer l'effondrement d'Internet. Cela nécessiterait une destruction à une telle échelle que la perte d'Internet serait probablement le moindre de nos soucis. Un effondrement total d'Internet serait presque impossible. Internet n'est pas une boîte magique avec un interrupteur marche / arrêt. Ce n'est même pas une chose physique. C'est une collection de choses physiques et cela change constamment. Internet n'est pas la même entité de machines d'un moment à l'autre ; les machines rejoignent ou quittent toujours Internet . Il est possible que certaines parties d'Internet se déconnectent. En fait, cela arrive tout le temps. Qu'il s'agisse d'un serveur particulier qui tombe en panne et doit être redémarré ou remplacé ou qu'un câble sous l'océan est accroché par une ancre, certains événements peuvent perturber le service Internet. Mais les effets ont tendance à être isolés et temporaires. Bien qu'il existe une épine dorsale Internet - un ensemble de câbles et de serveurs qui transportent la majeure partie des données sur divers réseaux - elle n'est pas centralisée. Il n'y a pas de prise que vous pourriez retirer d'une prise ou d'un câble que vous pourriez couper et qui paralyserait Internet. Pour qu'Internet subisse un effondrement global, soit les protocoles qui permettent aux machines de communiquer devraient cesser de fonctionner pour une raison quelconque, soit l'infrastructure elle-même devrait subir des dommages massifs.

Étant donné que les protocoles ne risquent pas de cesser de fonctionner spontanément, nous pouvons exclure cette éventualité. Quant au scénario de dégâts massifs, cela pourrait arriver. Un astéroïde ou une comète pourrait entrer en collision avec la Terre avec suffisamment de force pour détruire une partie importante de l'infrastructure Internet. Un rayonnement gamma écrasant ou des fluctuations électromagnétiques provenant du soleil pourraient également faire l'affaire. Mais dans ces scénarios, la Terre elle-même deviendrait une carcasse sans vie. À ce stade, peu importe que vous puissiez ou non vous connecter à MySpace .

La façon positive de voir cela est de se rendre compte que les hommes et les femmes qui ont aidé à concevoir Internet ont créé un outil incroyablement tentaculaire qui est remarquablement stable. Même lorsque certaines sections d'Internet ont un problème technique, le reste se poursuit comme d'habitude. Bien que l'effondrement d'Internet soit un événement catastrophique, ce n'est pas un événement dont vous devez vous inquiéter.

Il ne fait aucun doute que, à mesure qu'Internet s'est développé, notre dépendance pour ne pas dire addiction à son égard a également augmenté. Combien d'entre vous ont utilisé Internet à un titre quelconque ce matin? Pour passer une commande de déjeuner en ligne, confirmer votre présence à un événement ce soir, publié sur Facebook, écouter de la musique sur Pandora ou payer votre café Starbucks avec une carte de crédit? Internet va bien au-delà d'une simple utilisation personnelle. Les entreprises utilisent des sites Web et de la publicité en ligne pour vendre leurs produits et services. Ils dépendent également d'Internet pour la communication interne: e-mail, messagerie instantanée, services de voix sur IP (conférences téléphoniques) et traitement des cartes de crédit. Alors, que se passerait-il si Internet cessait de fonctionner?

Amazon, Craigslist, Ebay, Facebook, Foursquare, Flickr, Google, Hulu, PayPal, Xbox Live, Youtube, seraient obsolètes sans accès à Internet. De nombreux services que nous tenons pour acquis au quotidien seraient interrompus pendant un certain temps jusqu'à ce que nous revenions aux méthodes pré-Internet pour effectuer des tâches. Les services bancaires, Achats par carte de crédit et de débit, FedEx (suivi des colis), Systèmes de surveillance (des foreuses pétrolières aux caméras de nounou),Streaming en ligne Netflix, Paiement de factures en ligne, Cours pédagogiques en ligne, seraient perturbés. Il ne s'agit en aucun cas d'une liste exhaustive. Si Internet s'effondrait d'une manière ou d'une autre, l'impact économique serait désastreux. Alors que la perte de services comme les services bancaires électroniques ou PayPal serait ennuyeuse, les effets se prolongeraient beaucoup plus loin. Pensez aux entreprises qui dépendent d'Internet. Chaque site Web serait hors ligne. De grandes entreprises comme Google ou Amazon deviendraient instantanément obsolètes. D'autres entreprises comme Microsoft verraient disparaître d'énormes pans de leurs opérations. Même les entreprises qui n'utilisent le Web que comme moyen de publicité en seraient affectées. Selon le US Census Bureau, le commerce électronique représentait 35% de toutes les expéditions de l'industrie manufacturière en 2007. Cela représente plus de 1,8 billion de dollars pour cette seule industrie. Lorsque vous extrapolez ces chiffres à toutes les industries du monde entier, vous verrez que le commerce sur Internet est une grosse affaire. Si Internet s'effondrait, plusieurs industries subiraient une récession instantanée. Il n'y a pas de moyen facile de rebondir après une perte de milliers de milliards de dollars.

Certains pays ressentiraient la crise plus que d'autres. Les pays développés seraient confrontés à de graves crises économiques alors que des secteurs industriels entiers disparaîtraient ou luttaient pour survivre à la suite de pertes dévastatrices. D'autres pays ne subiraient pas autant d'effets directs de l'effondrement parce qu'ils ne sont pas très présents sur Internet. Mais ces pays souffriraient également du fait que le commerce et l'aide dont ils dépendent d'autres pays connectés diminuent.

Très peu de types d'entreprises ne seraient pas touchés par l'effondrement d'Internet. Internet est devenu omniprésent dans les affaires. Les retombées économiques seraient probablement la principale crise que les gouvernements du monde entier affronteront si Internet venait à s'effondrer. Mais ce ne serait là que l'un des problèmes auxquels les dirigeants mondiaux seraient confrontés.

Un monde sans Internet nous semblerait probablement très étrange maintenant. Selon la nature de la catastrophe et la façon dont vous avez défini Internet, même les services de base comme la messagerie texte ou le service de téléphonie cellulaire pourraient devenir indisponibles. En effet, l'infrastructure de ces services fait également partie de l'infrastructure Internet. Si vous portez cette expérience de réflexion à un cas extrême, même les lignes téléphoniques pourraient ne pas fonctionner car elles aussi font partie de l'infrastructure Internet. Certains services du câble et du satellite ne seraient pas disponibles. Vous pouvez toujours accéder à la programmation télévisée envoyée via les tours de diffusion si vous aviez une antenne. Mais si les systèmes de câble et de satellite faisaient partie de l'effondrement général, vous perdriez l'accès à la plupart des chaînes.

Vous ne pourrez pas vous connecter à des sites et services de réseaux sociaux comme Facebook ou Twitter . Vous ne pourriez pas lancer un service de messagerie instantanée pour vérifier vos amis. Bon nombre des outils sur lesquels nous nous appuyons pour suivre ce que font nos amis et notre famille cesseraient d'exister. Si les tours de téléphonie cellulaire et les lignes téléphoniques étaient également touchées, nous serions réduits à écrire des lettres et à les envoyer par la poste.

Le transfert de fichiers entre ordinateurs serait également difficile. Vous devrez soit stocker les fichiers sur une forme de support physique comme un disque compact, soit connecter les deux ordinateurs avec un câble physique. Les projets qui dépendent du calcul en grille pour effectuer des calculs complexes ne fonctionneraient pas non plus. Les services de cloud computing échoueraient également et les informations que vous stockez sur ces services pourraient devenir inaccessibles.

En supposant que l'effondrement soit de nature permanente ou prolongée, de nombreuses entreprises feraient faillite. Des centaines de milliers de personnes seraient sans emploi. Google emploie à lui seul près de 20 000 personnes. Avec des centaines d'entreprises qui réduisent ou réduisent leurs effectifs, le marché serait inondé de personnes ayant besoin d'un emploi.

Aux États-Unis, il y a une poussée pour développer les réseaux électriques du pays en un réseau intelligent . Les réseaux intelligents pourraient théoriquement répondre plus efficacement aux besoins des clients, économiser l'énergie et communiquer entre eux via des connexions Internet. En théorie, ce système pourrait réduire les pannes de courant et autres problèmes. Mais si Internet venait à s'effondrer, un réseau intelligent serait paralysé. Les pannes d'électricité massives pourraient devenir un problème dans tout pays utilisant un tel système.

Comme Internet est devenu plus répandu, les pays l'ont utilisé pour recueillir des renseignements et pour s'espionner les uns les autres. La perte d'Internet serait un coup dur pour les agences de renseignement. Le partage d'informations deviendrait lent et difficile. Certains gouvernements pourraient réagir à une telle situation de manière imprudente. Il est impossible de prédire comment chaque gouvernement réagirait; cependant, il n'est pas difficile d'imaginer une série d'événements qui pourraient dégénérer en conflit. En supposant que les dirigeants mondiaux pourraient maintenir l'ordre et résister à l'envie de se faire exploser, d'autres problèmes surgiraient.

Internet est devenu une partie importante de nombreux programmes éducatifs. La perte d'Internet laisserait un vide que d'autres ressources devraient combler. Les ressources coûtent de l'argent , quelque chose qui manquerait alors que les marchés du monde entier essaient de se remettre de pertes énormes. Aux États-Unis, les organisations militaires et certains instituts de recherche font partie de réseaux similaires à Internet mais qui ne font techniquement pas partie d'Internet lui-même. Si ces réseaux ne sont pas affectés, au moins une partie de la communication électronique et de la transmission de données serait possible. Mais si notre crise imaginaire s'étendait jusqu'à ces réseaux informatiques, le pays deviendrait vulnérable à toutes sortes d'attaques.

CHAPITRE III

La cyberdependance ou l'esclavage 2.0

Il est bien loin le temps des voiliers, des chaînes, des fouets et des traites negrieres. De nos jours, un triumvirat impie, de technologie de surveillance, de trafic de données personnelles et d'intelligence artificielle, navigue toutes voiles au vent des mers de datas, et capturant dans ses larges filets le maximum de cyber victimes,aliéné par l'appel des sirènes des seigneurs des réseaux.

L'esclavage est un terme puissant et émotif décrivant une violation odieuse des droits fondamentaux de l'homme et ne doit pas être appliqué avec désinvolture. Je relie la pratique de l'esclavage à deux concepts différents d'aliénation de soi. Premièrement, comme étant possédé en tant que propriété d'un tiers et deuxièmement, comme étant possédé dans un sens plus informel et contemporain, par la suppression de la capacité d'un individu à gouverner sa propre vie.

Cette double signification de l'aliénation de soi, m'amène à considérer la propriété de soi dans un sens juridique ainsi que, moins formellement, comme ayant le pouvoir de déterminer sa propre vie. Des deux points de vue, je pourrai me permettre d' avancer, que le trafic croissant de données personnelles pour fournir des analyses basées sur des algorithmes et de l'intelligence artificielle permet une nouvelle forme d'asservissement numérique qui a le potentiel de réduire la liberté et de causer des dommages dont principalement, la cyberdépendance.

La conceptualisation des pratiques numériques problématiques en tant que nouvelle forme d'esclavage, devient un ajout indispensable à la critique dominante de la collecte, de l'agrégation et du trafic de données personnelles, qui s'est principalement concentrée sur la vie privée individuelle. Cette focalisation, à son tour, a obscurci et diminué la gravité des préoccupations concernant l'autonomie collective et individuelle.

Les esclaves habituellement fournissent du travail gratuit à leurs propriétaires; en échange, les propriétaires leur donnent gratuitement de la nourriture, des vêtements et un abri. Jusque là rien de nouveau, sauf que dans le cadre de ce nouveau concept d'esclavage technologique contemporain, cette nouvelle forme d'asservissement prend une autretournure: les esclaves sont libres de quitter leurs propriétaires en l'occurence les maitres des reaseaux, quand ils le souhaitent, mais lorsqu'ils le font, ils doivent tout laisser derrière eux : leurs biens, leurs amis, contacts, évaluations, identités numériques, connaissances, leur réputation et tous les autres aspects externes de leur identité. Nous n'avons aucun droit de propriété sur les données que nous générons, et ce n'est qu'en générant de telles données que nous pouvons utiliser ces réseaux numériques. Cette relation entre les réseaux numériques et leurs utilisateurs est l'esclavage numérique 2.0.

Dans le monde numérique, nous sommes tous quelque part des esclaves 2.0, addicts et cyberdépendants. Nous fournissons gratuitement des informations sur nous-mêmes. Cette main-d'œuvre gratuite permet aux réseaux numériques , tels que les «Big Five» (Apple, Facebook, Amazon, Google et Microsoft) , d'amasser de vastes fortunes. En retour, nous recevons des applications gratuites et d'autres services Internet. Certains esclaves dits influenceurs, pour ne pas dire rabatteurs, sont même récompensés financièrement pour les larges filets qu'ils tissent pour les maîtres afin d'y attirer plus d'esclaves.

Nous avons besoin de vie privée lorsque nous nous déshabillons ou parlons à nos proches; il s'agit de sentiments comme la timidité et la gêne. Dans le monde numérique, on ne tarit pas de discussions sur les problèmes de confidentialité; mais est-ce que voler les détails de ma carte de crédit et les utiliser est-il vraiment un problème de confidentialité? N'est-ce pas vraiment comme voler mes clés de voiture et partir? Appellerions-nous le vol de voiture une violation de la vie privée? Est-ce que parler de confidentialité des données personnelles en ligne est peut-être un moyen de détourner l'attention du côté le plus méchant de ce qui est devenu un marché annuel de plus de 250 milliards de dollars dans le trafic de données personnelles?

En fait, ce qui se passe, est vraiment une question de contrôle du comportement, en particulier sur deux axes: celui du comportement d'achat et celui des choix politiques de l'esclave. Que ce soit par le biais du marketing comportemental ou de la menace pure et simple, le monde en ligne façonne nos croyances, dicte comment et ce que nous consommons et applique les règles. Il est temps d'arrêter de parler de confidentialité personnelle en ligne et de commencer à faire référence à quelque chose que nous normalisons rapidement dans notre vie quotidienne, rien de moins que l'esclavage numérique. C'est un concept décrivant une violation odieuse des droits fondamentaux de la personne, et il ne devrait donc pas être appliqué avec désinvolture.

Traditionnellement, l'esclavage était défini comme l'acte de tenir un être humain comme propriété ou comme chose. De nos jours, ce ne sont plus les voiliers, les fusils, les fouets et les chaînes des esclavagistes transatlantiques qui permettent l’esclavage numerique, mais un triumvirat impie de technologie de surveillance, de trafic de données personnelles et d'intelligence artificielle (IA). En droit de la propriété, quelque chose est «aliénable» s'il est «vendable» ou peut être «aliéné» d'un propriétaire à un autre. Le «soi» peut être considéré comme situé d'une manière ou d'une autre avec un corps. Cela a parfois été appelé un «corps-sujet». La question se pose de savoir si un «corps-sujet» est ou devrait jamais être aliénable.

Si le corps-sujet, c'est-à-dire l’homme, est composé à la fois de parties matérielles et psychologiques, la loi concerne principalement le corps physique, en particulier dans des domaines tels que la vente de parties du corps. Cependant, le corps-sujet existe dans un monde qui comprend la mémoire, la connaissance, les croyances, les sentiments, l'histoire et l'identité. Nous reconnaissons de plus en plus que pour de nombreuses personnes, le monde dans lequel le corps-sujet habite comprend le monde virtuel que nous appelons Internet. Nous tombons amoureux, détestons, explorons, apprenons et devenons fascinés par ce monde virtuel. Toute cette activité corporelle en ligne a une existence physique dans les fermes de stockage numérique sur Internet. À l'instar des voies neuronales électrochimiques du cerveau, ces fermes de stockage de données suivent numériquement et conservent la plupart du temps, petit à petit, la mémoire, les comportements, les relations et les voyages du corps-sujet dans ce monde virtuel.

Lorsque ces données sont acquises par des gouvernements ou des entreprises, légalement ou illégalement, par le biais de contrats obscurs et longs, de tromperie, de manipulation ou tout simplement de vol, le corps-sujet est asservi au sens de la propriété. La conjonction de données personnelles liées, de collecte d'informations coercitive et automatisée et de stockage permanent, a permis l'émergence de nouveaux types de propriétaires d'esclaves.

Les données personnelles sont extraites, commercialisées, capitalisées et trafiquées. Les commerçants soutiennent que toutes ces données personnelles qu'ils ont extraites sont une ressource brute «sans propriétaire». Un peu comme le pétrole, la valeur commerciale et la propriété du produit qui en résulte lui-même sont dévolus à ceux qui le collectent , et l'extraient. Cependant, contrairement au pétrole, les gouvernements n'ont pas encore facturé les licences d'exploration-production, ni demandé un prélèvement fiscal sur les bénéfices dérivés.

Dans le monde d'aujourd'hui, qui peut définir une «bonne vie» essentielle qui capture les valeurs de chaque individu? La vision moderne soutient l'idée que les individus ont le droit de dire ce qui est bon pour eux-mêmes. Donc, une ligne d'argument possible s'exécute: "Si je veux que mes données personnelles soient capturées et trafiquées, et mes actions guidées par des algorithmes, qui me dira que je suis un esclave?" Pour éviter cette situation, nous devons envisager un deuxième type d'auto-aliénation basé non pas sur la propriété de soi, mais sur les obstacles mis sur la voie d'un individu vivant sa propre vie autonome. Le niveau d'aliénation de soi que nous pouvons expérimenter va de la rencontre d'obstacles temporaires à l'expérience de la domination totale, qui n'est que l'esclavage.

Dans le monde numérique, les pratiques de tiers auto-aliénantes résultant de l'agrégation et du trafic de données personnelles peuvent conduire directement à l'esclavage numérique, car la volonté du citoyen ou du consommateur sont activement érodées de manière cachée et les niveaux de coercition augmentent. Ce qui rend les données personnelles agrégées et réutilisées si précieuses pour les entreprises et les gouvernements, c'est leur rôle dans la conduite du comportement vers une augmentation des ventes aux consommateurs, ou une plus grande conformité des citoyens avec l'Etat. Les données personnelles sont la pierre angulaire des algorithmes qui alimentent le marketing social en ligne, l'analyse prédictive, les assistants de conformité, le BDAI (big data et intelligence artificielle) et les stratégies d'économie comportementale d'encouragement.

Les exemples de ces activités abondent dans la vie de tous les jours. La preuve d'une publicité en ligne «comportementale» ciblée basée sur l'historique capturé en ligne d'un individu est clairement présente dans pratiquement toutes les recherches Google. Les systèmes gouvernementaux et commerciaux dépassent continuellement les exigences minimales de collecte d'informations en utilisant des champs obligatoires pour collecter des informations. Lorsque de telles données sont collectées légalement, le citoyen-consommateur se voit inévitablement présenté avec un passe-partout juridique obligatoire étendu et des avis de politique de confidentialité, que la majorité d'entre nous acceptent sans lire ou ne comprennent pas les véritables implications.

La gestion de l'identité numérique est assurée par des fournisseurs d'identité centraux, les utilisateurs fournissant leurs données gratuitement aux réseaux numériques qui possèdent leur identité numérique. Si les utilisateurs quittent leurs réseaux numériques, ils doivent laisser derrière eux tous leurs biens numériques, y compris leur identité numérique. Ce système est analogue à l'esclavage. Ce n'est ni efficace ni équitable. Les utilisateurs n'ont aucune assurance que la valeur des données gratuites qu'ils fournissent soit liée à la valeur des services gratuits qu'ils reçoivent. Les réseaux numériques ont un pouvoir de marché écrasant par rapport à leurs utilisateurs. Au contraire, nous avons toutes les raisons de croire que la valeur des informations fournies par les utilisateurs aux propriétaires du réseau dépasse de loin la valeur des services Internet que les utilisateurs obtiennent gratuitement.

La cyberdépendance est l'utilisation excessive et compulsive non productive d'Internet par un individu qui occupe la majeure partie de son temps libre à naviguer à des fins récréatives ou sociales sur les réseaux, au point où d'autres domaines de la vie comme les relations, le travail ou la santé, peuvent en souffrir. La personne devient dépendante de l'utilisation d'Internet et doit passer de plus en plus de temps en ligne. De manière générale, les sondages suggèrent que les hommes accros à passer du temps en ligne ont tendance à préférer regarder des sites Web pornographiques et de jeux en ligne, tandis que les femmes sont attirées par les forums de discussion pour nouer des relations platoniques et cybersexuelles.

L'opinion médicale est divisée sur la question de savoir si la dépendance à Internet existe en tant que trouble mental à part entière ou s'il s'agit d'une expression de troubles mentaux ou de problèmes de comportement préexistants. Par exemple, une personne qui cherche de manière compulsive sur Internet des sites de jeux de hasard en ligne peut avoir un problème de jeu plutôt qu'une dépendance à Internet. Selon l'American Psychiatric Association, la dépendance à Internet peut inclure au moins trois des éléments suivants:

- L'utilisateur doit passer de plus en plus de temps en ligne pour ressentir le même sentiment de satisfaction.
- S'il ne peut pas aller en ligne, l'utilisateur éprouve des symptômes de sevrage désagréables tels que l'anxiété, les sautes d'humeur et les fantasmes compulsifs sur Internet. L'utilisation d'Internet soulage ces symptômes.
- L'utilisateur se tourne vers Internet pour faire face à des sentiments négatifs tels que la culpabilité, l'anxiété ou la dépression.
- L'utilisateur passe beaucoup de temps à s'engager dans d'autres activités liées à Internet.
- L'utilisateur néglige d'autres domaines de la vie (tels que les relations, le travail, l'école et les loisirs) au profit de passer du temps sur Internet.
- L'utilisateur est prêt à perdre des relations, des emplois ou d'autres choses importantes au profit d'Internet.

Les catégories de dépendance à Internet, selon le Center for Online Addiction American, comprennent:

- Sexe: la personne utilise Internet pour regarder, télécharger ou échanger de la pornographie ou pour se livrer à du cybersexe occasionnel avec d'autres utilisateurs. Cela se traduit par une négligence de leur vie sexuelle réelle avec leur partenaire ou leur conjoint.
- Relations: la personne utilise des forums de discussion pour nouer des relations en ligne au détriment de passer du temps avec sa famille et ses amis réels.
- Jeux: cela peut inclure de passer trop de temps à jouer à des jeux, à faire des achats ou des échanges. Cela peut entraîner de graves problèmes financiers.
- Information: l'utilisateur recherche et recueille des informations de manière obsessionnelle. Aussi connu sous le

nom de dépendance à la surcharge d'information. L'abondance d'informations sur le Internet crée un nouveau comportement compulsif lié à la navigation sur le Web ou à la recherche de bases de données. Intoxiqués, les gens utilisent de plus en plus de temps pour rechercher et organiser les données. Une tendance obsessionnelle-compulsive et une réduction de la productivité du travail sont liées à ce type de dépendance.

- Dépendance aux réseaux sociaux: comprend le désir de surveiller en permanence les sites de réseaux sociaux comme Facebook et Twitter. Cela inclut la mise à jour constante des messages de profil et la vérification des messages pour informer vos amis de ce que vous faites en ce moment.

Les symptômes comportementaux les plus importants caractérisant la dépendance à Internet sont:

- La nécessité de passer de plus en plus de temps sur Internet pour être satisfait.
- Un désintérêt prononcé pour toutes les activités sauf Internet.
- Lorsque la dépendance est réduite ou interrompue, en cas d'agitation psychomotrice, d'anxiété, de dépression, réflexion obsessionnelle sur ce qui se passe sur Internet, symptômes de sevrage typiques .
- La nécessité de se connecter à Internet de plus en plus souvent et pour une durée prolongée par rapport à ce que planifié à l'avance.
- L'incapacité d'interrompre ou de garder sous contrôle l'utilisation d'Internet.
- La perte de temps dans les activités liées à Internet.

- Continuer à utiliser Internet malgré la prise de conscience de problèmes de santé, sociaux et psychologiques.

Dans une perspective cognitivo-comportementale, certains chercheurs disent que certaines perceptions inadaptées sont observables chez les personnes accros à Internet:

- Pensées déformées sur soi-même et le monde.
- Perceptions déformées sur les expériences d'inadéquation, d'insécurité, de faible confiance en soi.
- Troubles de l'humeur, anxiété et dyscontrôle des impulsions.
- Troubles du sommeil, maux de dos, maux de tête, syndrome du canal carpien, yeux fatigués, mauvaises habitudes alimentaires.

En termes généraux, les types de trouble de dépendance à Internet analysés ci-dessus peuvent entraîner des résultats psycho-comportementaux et des inconforts psychiques. Les spécialistes ont observé que cette addiction pousse les enfants, les adolescents et les adultes à être satisfaits non plus par des contacts humains et affectifs (famille et amis), mais simplement par un écran, cherchant refuge dans une solitude relationnelle, affective et sociale qui change les relations avec soi-même et avec les autres parce qu'elle est vécue indépendamment sans aucune perspective émotionnelle. De plus, ceux qui répètent des comportements en tant que tels, sont exposés à un nouveau type de pathologie: le syndrome de la solitude en ligne.

Toutes les situations de dépendance examinées montrent que les conséquences les plus graves concernent la famille, les ressources et le travail. Les sujets dépendants préfèrent les cyber-relations qui prennent du temps loin des relations interpersonnelles, basique pour une vie sociale bien équilibrée. L'utilisateur se retrouvera en train de naviguer sans but précis tandis que son esprit sera totalement orienté vers une utilisation compulsive de la technologie. Il est clair qu'Internet est capable de provoquer des sautes d'humeur, des sentiments profonds et séduisants visant à surfer sur des problèmes de la vie quotidienne comme, comme par exemple, cacher sa propre personnalité derrière l'écran pour se sentir sauvé et protégé. Ainsi, les personnes dépendantes pourront créer leur propre monde en cherchant refuge dans le monde virtuel, un substitut à la vraie vie, altération de l'expérience temporelle. Dans ce cas, la mauvaise interprétation du temps est en fait comparable à celle provoquée par les drogues qui donne aux sujets toxicomanes un sentiment de toute-puissance. Les dimensions sociales et affectives sont également compromises par l'abus d'Internet en raison du fait que les cyber-relations sont facilitées par l'anonymat. En cachant sa propre identité sur le long terme, les personnes dépendantes se sentiront en sécurité en cherchant refuge dans le monde virtuel, un véritable substitut au réel. De cette façon, ils auront également la chance de créer leur propre monde en modifiant l'expérience temporelle. Le phénomène de distorsion temporelle est comparable à celui provoqué par les drogues qui procurent aux sujets dépendants un sentiment de toute-puissance.

Ceux qui sont inconditionnellement pris dans ce filet ont tendance à être facilement irritables lorsque d'autres gens essaient de perturber leur évasion de la réalité. Les toxicomanes nient le problème, même en dépit des preuves comme cela se produit généralement avec d'autres types de toxicomanie, affirmant que le Net n'est pas du tout dangereux. En effet, il peut être interprété et vécu comme un contenant d'événements où le sujet peut effectivement trouver sa propre subjectivité et, comme cela se produit dans la vraie vie, il y a toujours le choix à faire entre un chemin sûr et un chemin risqué. En fait, il semble difficile de demander de l'aide lorsque le problème est créé par une technologie puissante et innovante considérée comme utile par la grande majorité des gens.

Des chercheurs ont mis en évidence deux étapes particulières du développement de la pathologie, communes à tous les utilisateurs d'Internet. La première étape est marquée par des observations et des activités de recherche. Les utilisateurs découvrent généralement les nouvelles en ligne, les journaux et les magazines, les jeux d'argent en ligne, le commerce et la pornographie. Les utilisateurs commencent les activités de la manière qui leur convient le mieux et des choses comme la spéculation en ligne, les jeux d'argent, la pornographie, deviennent facilement des activités compulsives. Dans la deuxième étape, les utilisateurs découvrent et commencent à utiliser des salles de chat, et d'autres jeux de rôle en ligne. Les risques principalement liés à cette étape peuvent être des rendez-vous à l'aveugle dangereux, l'isolement social, la dépendance, la cyberdépendance sexuelle, la perte de contact avec le monde réel, les sentiments de toute-puissance. La dépendance devient un comportement fuyant, c'est-à-dire que le sujet se réfugie sur Internet pour échapper à ses propres problèmes existentiels.

La dépendance à internet peut être générée par certaines pathologies préexistantes: addictions multiples, conditions psychopathologiques (dépression, trouble obsessionnel-compulsif, trouble bipolaire, comportement, jeu pathologique), facteurs situationnels (syndrome d'épuisement professionnel, conflit conjugal, maltraitance infantile), consommation excessive, réduction de l'expérience de vie et des relations de la vie réelle, problèmes au travail et avec famille. De plus, il convient de mettre en évidence les potentialités pathologiques d'Internet (anonymat et sentiment d'omnipotence pouvant dégénérer en pédophilie, cyber-sexe, fausses identités, jeux d'argent en ligne, etc.). Il suffit de lire l'actualité pour mieux comprendre les risques qui peuvent affecter la génération Internet, les chiffres sont alarmants: en 2005, rien qu'au Japon, il y a eu 34 cas de suicide en masse par Internet. Le phénomène des suicides planifiés via Internet chez les adolescents a commencé en 2003 avec la conviction de laisser son avatar - un cyber soi - vivant sur le net dans une sorte de vie parallèle bien loin des frustrations.

Malgré tous les problèmes mentionnés ci-dessus, le Net ne doit certainement pas être diabolisé. Au contraire, l'excès est négatif et contre-productif pour les gens, comme cela se produit généralement avec les abus. Être conscient de la bonne utilisation de la technologie est essentiel. Cela signifie utiliser avec soin la technologie et ses avantages indéniables sans ce sentiment d'omnipotence et de puissance facilement produit par Internet. Il est également nécessaire de réduire le temps quotidien passé sur

Internet en essayant de ne pas utiliser la technologie comme une routine quotidienne à respecter à tout prix, mais complétant l'utilisation d'Internet avec de la vraie vie et ses interactions comme les relations sociales, les passe-temps, etc... De cette façon, le Net ne sera pas le moyen d'échapper à la réalité, mais le seul moyen pour les gens d'avoir un contact avec eux-mêmes et avec les autres.

La prévention apparaît être l'une des méthodes les plus utiles pour éviter les dépendances. Il conviendrait de l'utiliser avec des enfants, les adolescents et les personnes à risque avec des pathologies préexistantes ou des expériences de vie négatives.Il est nécessaire d'assurer une prévention de premier ordre permettant aux gens, en particulier aux enfants , une navigation sûre et intelligente sur le Web. De cette façon, Internet sera une technologie sûre et non un piège. Mais il est essentiel que les familles accordent toute l'attention voulue aux nouveaux besoins éducatifs des enfants et des adolescents.

D'un autre côté, les écoles devraient prêter une attention particulière aux dynamiques évaluatives des utilisateurs, des familles et de la société. En ce qui concerne les écoles, il est nécessaire de passer plus de temps afin de parler de technologie à son utilisation, une éducation faite avec et grâce aux technologies. Un tel changement méthodologique est un besoin urgent en raison de l'écart évident entre le contexte scolaire et la réalité ou les contextes extrascolaires qui donnent généralement aux familles et aux élèves plus que ce que les écoles le font réellement .

Pour conclure, la technologie et son éducation ne doivent jamais être séparées des dimensions éducatives qui envisagent l'éducation émotionnelle, sentimentale et sexuelle. De plus, tout au long des expériences d'apprentissage individuelles quotidiennes (au sein de la famille, de l'école, de la société), la socialisation dans la vie réelle ne devrait jamais être complètement remplacée par le virtuel. De cette façon, le temps passé quotidiennement sur Internet serait inférieur au temps consacré à la socialisation dans la vie réelle.

CHAPITRE IV

L'émancipation numérique.

Emancipate yourselves from mental slavery,
None but ourselves can free our minds.

Bob MARLEY

Il existe une solution simple à ce système monstrueusement injuste et gaspilleur: l'émancipation numérique. Tout comme l'émancipation de l'esclavage à l'ancienne a donné aux esclaves des droits de propriété sur leurs propres services, l'émancipation de l'esclavage numérique doit donner aux utilisateurs des droits de propriété sur les données qu'ils génèrent. Étant donné que les utilisateurs n'ont actuellement pas de droits de propriété sur leurs données, ils ne savent généralement pas comment leurs informations sont utilisées. Ils font l'objet de publicités manipulatrices qui exploitent leurs données. Ils sont vulnérables aux attaques de pirates. Ils sont largement impuissants aux mains des monopoles numériques mondiaux. Ils sont vulnérables à l'automatisation numérique, ce qui permet aux machines de reprendre le travail de routine qu'elles effectuent, sans leur donner la possibilité de remettre à leur place un nouveau travail généré par l'utilisateur. Tous ces problèmes pourraient être surmontés en accordant aux utilisateurs numériques des droits de propriété sur leurs services.

Un nombre restreint mais croissant de décideurs politiques perspicaces réclament cette réforme. Récemment, lors du Global Solutions Summit , la chancelière Merkel a suggéré que les données numériques soient tarifées et que les utilisateurs puissent vendre leurs données. Il ne vaut pas la peine d'être timide sur cette réforme: améliorer la protection des données, fournir aux utilisateurs plus d'informations sur la manière dont leurs données sont utilisées, etc. Une solution globale, offrant une véritable émancipation, est envisageable. Nous avons les connaissances et la technologie pour le mettre en œuvre. Tout ce qu'il faut maintenant, c'est une volonté politique.

La solution pourrait s'appeler le Digital Freedom Pass (DFP). Il s'agit de donner à chaque personne l'équivalent numérique d'un portefeuille contenant des éléments vérifiés de son identité numérique. Plus précisément, il donne à chaque personne une clé privée pour un nombre illimité de destinataires, qui ne peuvent accéder aux données cryptées que s'ils possèdent la clé publique correspondante. La personne peut alors choisir quelle pièce d'identité partager, avec qui et quand. Cela rend la personne souveraine sur son identité numérique.

Dans le monde de la technologie, une identité numérique est une information sur une entité (par exemple, un individu) qui représente cette entité. L'identité numérique découle de l'utilisation d'informations personnelles et des actions d'individus sur le Web. Dans le monde réel, vous êtes le fournisseur de votre propre identité, puisque vous générez les caractéristiques qui permettent aux autres de vous reconnaître. Sur Internet, vous avez un «fournisseur d'identité», qui vous fournit un identifiant (souvent un mot de passe) dans un domaine spécifique qui prouve que vous êtes vous. Actuellement, les fournisseurs d'identité se concentrent sur celles de vos caractéristiques qui sont pertinentes pour l'organisation et ses objectifs, sans considération indépendante de vous et de vos objectifs. Ces caractéristiques d'identification appartiennent à l'organisation, et non pas à vous. Les identités numériques doivent être sécurisées, ce qui signifie qu'elles satisfont aux exigences de confidentialité et de fiabilité. La confidentialité signifie que seuls les destinataires autorisés peuvent accéder à votre identité numérique; fiabilité signifie que les informations contenues dans votre identité numérique sont correctes.

Les identités autonomes placent l'individu en contrôle de son identité numérique, lui donnant un accès complet à ses propres données , ce qui est pratiquement inconnu sous le régime numérique actuel. L'identité numérique d'un individu doit être persistante, portable, interopérable et sécurisée. Tous ces éléments sont reconnus comme des conditions préalables importantes pour la réalisation de la liberté dans l'espace numérique. Étant donné que les individus sont en charge de leur identité numérique, ils devront assumer la responsabilité de satisfaire eux-mêmes ces prérequis.

Pour ce faire, les gens auront besoin du soutien du public dans la gestion de leur identité numérique. Par exemple, ils devront avoir accès à des sources numériques pratiques de preuves de l'exactitude des informations qu'ils fournissent et reçoivent (par le biais de signatures numériques de tiers pour prouver l'authenticité), des procédures garantissant un consensus transparent sur le contenu et la conduite des transactions, et des systèmes garantissant des droits d'utilisation cohérents pour les données de l'individu. La mise en œuvre de tels systèmes peut s'appuyer sur des applications de grand livre décentralisées telles que la blockchain (qui vérifie l'exactitude de ses données de manière décentralisée, comme c'est le cas pour Bitcoin). Ces applications nous permettent de rechercher des identifiants décentralisés sans impliquer un répertoire centralisé. Ils permettent aux gens d'authentifier leurs données personnelles en utilisant des informations d'identification décentralisées et vérifiables.

Étant donné que les identités numériques sont censées fonctionner dans toutes les juridictions juridiques, il sera essentiel de spécifier un cadre juridique international pertinent pour chaque transaction. Ce que j'appelle le Digital Freedom Pass couvre toute la constellation des identités auto-souveraines, ainsi que les technologies de soutien et les systèmes juridiques, et les interfaces standardisées. L'identité auto-souveraine est la prochaine étape au-delà de l'identité centrée sur l'utilisateur et cela signifie qu'elle commence au même endroit: l'utilisateur doit être au centre de l'administration de l'identité. Cela nécessite non seulement l'interopérabilité de l'identité d'un utilisateur sur plusieurs sites, avec le consentement de l'utilisateur, mais également un véritable contrôle utilisateur de cette identité numérique, créant ainsi l'autonomie de l'utilisateur. Pour y parvenir, une identité auto-souveraine doit être transportable; il ne peut pas être verrouillé sur un site ou un paramètre régional.

Une identité auto-souveraine doit également permettre aux utilisateurs ordinaires de faire des réclamations, ce qui pourrait inclure des informations d'identification personnelle ou des faits sur la capacité personnelle ou l'appartenance à un groupe 18 . Il peut même contenir des informations sur l'utilisateur qui ont été revendiquées par d'autres personnes ou groupes.

Les dix principes de l'identité auto-souveraine tentent d'assurer le contrôle de l'utilisateur qui est au cœur de l'identité auto-souveraine. Cependant, ils reconnaissent également que l'identité peut être une arme à double tranchant - utilisable à des fins à la fois bénéfiques et maléfiques. Ainsi, un système d'identité doit équilibrer la transparence, l'équité et le soutien des biens communs avec la protection de l'individu:

1. **Existence.** Les utilisateurs doivent avoir une existence indépendante. Toute identité auto-souveraine est finalement basée sur l'ineffable «je» qui est au cœur de l'identité. Il ne

peut jamais exister entièrement sous forme numérique. Cela doit être le noyau de soi qui est soutenu et soutenu. Une identité auto-souveraine rend simplement publics et accessibles certains aspects limités du «je» qui existe déjà.

2. **Contrôler.** Les utilisateurs doivent contrôler leur identité. Sous réserve d'algorithmes bien compris et sécurisés qui garantissent la validité continue d'une identité et de ses revendications, l'utilisateur est l'autorité ultime sur son identité. Ils devraient toujours pouvoir s'y référer, le mettre à jour ou même le cacher. Ils doivent pouvoir choisir la célébrité ou la vie privée comme ils le souhaitent.
3. **Accès.** Les utilisateurs doivent avoir accès à leurs propres données. Un utilisateur doit toujours être en mesure de récupérer facilement toutes les réclamations et autres données au sein de son identité. Il ne doit y avoir aucune donnée cachée ni aucun contrôleur d'accès. Cela ne signifie pas qu'un utilisateur peut nécessairement modifier toutes les revendications associées à son identité, mais cela signifie qu'il doit en être conscient. Cela ne signifie pas non plus que les utilisateurs ont un accès égal aux données des autres, mais uniquement aux leurs.
4. **Transparence** . Les systèmes et les algorithmes doivent être transparents. Les systèmes utilisés pour administrer et exploiter un réseau d'identités doivent être ouverts, tant dans leur fonctionnement que dans leur gestion et leur mise à jour. Les algorithmes doivent être libres, open source, bien connus et aussi indépendants que possible de toute architecture particulière; tout le monde devrait pouvoir examiner leur fonctionnement.
5. **Persistance.** Les identités doivent durer longtemps. De préférence, les identités doivent durer éternellement, ou au moins aussi longtemps que l'utilisateur le souhaite. Bien que les clés privées puissent nécessiter une rotation et que les

données doivent être modifiées, l'identité reste. Dans le monde en évolution rapide d'Internet, cet objectif n'est peut-être pas tout à fait raisonnable, de sorte que les identités devraient au moins durer jusqu'à ce qu'elles soient dépassées par les nouveaux systèmes d'identité. Cela ne doit pas contredire un «droit à l'oubli»; un utilisateur doit être en mesure de disposer d'une identité s'il le souhaite et les revendications doivent être modifiées ou supprimées selon les besoins au fil du temps. Pour ce faire, il faut une séparation ferme entre une identité et ses revendications: elles ne peuvent pas être liées pour toujours.

6. **Portabilité.** Les informations et les services relatifs à l'identité doivent être transportables. Les identités ne doivent pas être détenues par une seule entité tierce, même s'il s'agit d'une entité de confiance censée fonctionner dans le meilleur intérêt de l'utilisateur. Le problème est que les entités peuvent disparaître - et sur Internet, la plupart finissent par le faire. Les régimes peuvent changer, les utilisateurs peuvent se déplacer vers des juridictions différentes. Les identités transportables garantissent que l'utilisateur garde le contrôle de son identité quoi qu'il arrive, et peuvent également améliorer la persistance d'une identité dans le temps.
7. **Interopérabilité.** Les identités doivent être aussi largement utilisables que possible. Les identités ont peu de valeur si elles ne fonctionnent que dans des niches limitées. L'objectif d'un système d'identité numérique du 21e siècle est de rendre les informations d'identité largement disponibles, en traversant les frontières internationales pour créer des identités mondiales, sans perdre le contrôle des utilisateurs. Grâce à la persistance et à l'autonomie, ces identités largement disponibles peuvent alors devenir disponibles en permanence.

8. **Consentement.** Les utilisateurs doivent accepter l'utilisation de leur identité. Tout système d'identité est construit autour du partage de cette identité et de ses revendications, et un système interopérable augmente la quantité de partage qui se produit. Cependant, le partage des données ne doit avoir lieu qu'avec le consentement de l'utilisateur. Bien que d'autres utilisateurs tels qu'un employeur, un bureau de crédit ou un ami puissent présenter des réclamations, l'utilisateur doit toujours offrir son consentement pour qu'ils deviennent valides. Notez que ce consentement n'est peut-être pas interactif, mais il doit tout de même être délibéré et bien compris.
9. **Minimalisation.** La divulgation des réclamations doit être réduite au minimum. Lorsque des données sont divulguées, cette divulgation devrait impliquer la quantité minimale de données nécessaires pour accomplir la tâche à accomplir. Par exemple, si seul un âge minimum est requis, alors l'âge exact ne doit pas être divulgué, et si seulement un âge est demandé, alors la date de naissance plus précise ne doit pas être divulguée. Ce principe peut être soutenu par une divulgation sélective, des preuves de portée et d'autres techniques à connaissance nulle, mais la non-corrélation est encore une tâche très difficile (peut-être impossible); le mieux que nous puissions faire est d'utiliser la minimisation pour assurer au mieux la confidentialité.
10. **Protection.** Les droits des utilisateurs doivent être protégés. Lorsqu'il y a un conflit entre les besoins du réseau d'identité et les droits des utilisateurs individuels, le réseau devrait alors privilégier la préservation des libertés et des droits des individus par rapport aux besoins du réseau. Pour garantir cela, l'authentification de l'identité doit se faire par le biais d'algorithmes indépendants qui résistent à la censure et à la force et qui sont exécutés de manière décentralisée.

Le DFP place les utilisateurs au centre de l'administration de leurs identités. Il permet aux utilisateurs d'utiliser leur identité sur plusieurs emplacements, mais uniquement avec leur consentement. Étant donné que les identités décentralisées sont difficiles d'accès, elles sont également difficiles à pirater. Un tel système a déjà été conçu et fonctionne dans certains domaines limités. OpenID, un protocole d'authentification standard ouvert et décentralisé, permet aux utilisateurs de contrôler leurs données personnelles en leur permettant d'être authentifiés par d'autres utilisateurs sans avoir besoin de fournisseurs d'identité externes. ID2020 est un partenariat public-privé visant à fournir à chaque personne sur terre un accès à une identité numérique personnelle, privée, sécurisée, persistante et portable (ID2020 2017) à l'appui de l'objectif de développement durable des Nations Unies. Microsoft vise à prendre en charge la technologie d'identification décentralisée via Microsoft Authenticator.

Le DFP fournit une base pour la vente de données utilisateur aux entreprises numériques. Le produit de ces ventes numériques pourrait être taxé et les revenus utilisés pour étendre et améliorer l'accès à Internet, ainsi que pour réduire le coût de l'accès à Internet pour les groupes défavorisés. Mais le DFP ne se fera pas tout seul. Il y a trop d'entreprises numériques qui ont tout intérêt à garder le contrôle sur les données de leurs utilisateurs. L'esclavage n'a pas non plus disparu de lui-même. Pour que DFP réussisse, il doit être largement adopté.

La montée en puissance de puissants monopoles numériques , liée à la montée des inégalités dans les principales économies de marché, à la manipulation à grande échelle des utilisateurs numériques à des fins politiques et à l'incapacité généralisée des utilisateurs numériques à saisir les objectifs commerciaux que servent leurs données , menace de saper le marché économies et processus démocratiques. Le DFP serait le fer de lance d'un renversement de ces tendances alarmantes, car il nous donnerait des droits de propriété sur notre bien le plus important , des informations sur nous-mêmes et nous donnerait ainsi notre liberté la plus précieuse dans le domaine économique: la liberté de choisir.

CHAPITRE V

Volontairement esclave...

Dire qu'un homme se donne gratuitement, c'est dire une chose absurde et inconcevable ; un tel acte est illégitime et nul, par cela seul que celui qui le fait n'est pas dans son bon sens. Dire la même chose de tout un peuple, c'est supposer un peuple de fous : la folie ne fait pas droit. Quand chacun pourrait s'aliéner lui-même, il ne peut aliéner ses enfants ; ils naissent hommes et libres ; leur liberté leur appartient, nul n'a droit d'en disposer qu'eux.

JEAN JACQUE ROUSSEAU

Mais avec un peu de recul, on constate qu'en réalité les psychologues ne savent même pas encore comment appeler ce phénomène. C'est comme un peu tenter de comprendre l'esprit d'hôtel California , la célèbre chanson des Eagles. Certains le qualifient de trouble de dépendance à Internet quoique de nombreuses personnes sont accros à leur ordinateur bien avant qu'Internet n'entre dans leur vie. Peut-être devrions-nous appeler le phénomène une «dépendance informatique». N'oublions pas non plus la dépendance très puissante, mais maintenant apparemment banale et presque acceptée, que certaines personnes développent aux jeux vidéo. Les jeux vidéo sont aussi des ordinateurs, des ordinateurs très spéciaux, mais des ordinateurs quand même. Ou que diriez-vous des téléphones? Les gens nomophobes deviennent également dépendants de ceux-ci. Tout comme les ordinateurs, les téléphones sont une forme de communication technologiquement améliorée et peuvent tomber dans la catégorie des «communications par ordinateur». Dans un avenir pas trop lointain, les technologies informatiques, téléphoniques et vidéo pourraient très bien fusionner en un seul domaine, peut-être des plus addictif. Les téléphones portables modifient les comportements, les relations, la communication et la dynamique des environnements physiques. En tant que tel, le recours à l'appareil pour les activités quotidiennes a augmenté. Par conséquent, la «nomophobie», définie comme la peur de se retrouver sans téléphone portable, est apparue comme une nouvelle phobie. En effet, ne pas pouvoir communiquer et perdre la connexion font partie d'un ensemble de symptômes connus sous le nom de nomophobie. Le terme fait référence à l'inconfort, à la nervosité ou à l'anxiété causés par le fait d'être hors de contact avec un téléphone portable.

A un niveau général, il est logique de parler d'une «dépendance au cyberespace», une dépendance aux domaines virtuels de l'expérience créée par l'ingénierie informatique. Dans cette vaste catégorie, il peut y avoir des sous-types avec des différences distinctes. Un adolescent qui joue à un jeu d'arcade afin de maîtriser le niveau suivant peut être une personne très différente de la femme au foyer d'âge moyen qui dépense 500 $ par mois dans des site de shopping, qui à son tour peut être très différente de l'homme d'affaires qui ne peut s'arracher à ses programmes de finance et à un accès Internet continu aux cotations boursières. Certaines addictions au cyberespace sont axées sur le jeu et la compétition, certaines répondent à des besoins plus sociaux, d'autres peuvent simplement être une extension du travail.

Peu de gens agitent les doigts et les poings en l'air à propos de la vidéo et de la dépendance au travail. Peu d'articles de journaux sont écrits sur ces sujets non plus. Ce sont des problèmes dépassés. L'ignorance a tendance à engendrer la peur et le besoin de dévaloriser. Néanmoins, certaines personnes se font du mal à cause de leur dépendance aux ordinateurs et au cyberespace. Ces cas extrêmes sont clairs. Mais comme dans toutes les addictions, le problème est de savoir où tracer la ligne entre l'enthousiasme «normal» et la préoccupation «anormale».

Les «dépendances» définies de manière très vague peuvent être saines, malsaines ou un mélange des deux. Si vous êtes fasciné par un passe-temps, que vous vous y consacrez, que vous aimeriez passer le plus de temps possible à le poursuivre , cela pourrait être un exutoire pour l'apprentissage, la créativité et l'expression de soi. Même dans certaines addictions malsaines, vous pouvez trouver ces caractéristiques positives intégrées. Mais dans les addictions vraiment pathologiques, l'échelle a basculé. Le mal l'emporte sur le bien, ce qui entraîne de graves perturbations dans sa capacité à fonctionner dans le monde réel.

Presque tout peut être la cible d'une dépendance pathologique, drogues, alimentation, sport, jeux de hasard, sexe, dépenses, travail, etc. En regardant d'un point de vue clinique, ces addictions pathologiques ont généralement leur origine tôt dans la vie d'une personne, où elles peuvent être attribuées à des privations et à des conflits importants. Ils peuvent être une tentative de contrôler la dépression et l'anxiété, et peuvent refléter des insécurités profondes et des sentiments de vide intérieur. Pour l'instant, il n'y a pas de diagnostic psychologique ou psychiatrique officiel d'une dépendance à «Internet» ou à «l'ordinateur». Comme c'est le cas pour tout diagnostic officiel, un «trouble de dépendance à Internet» ou tout diagnostic proposé de manière similaire doit supporter le poids d'une recherche approfondie. Il doit répondre à deux critères de base. Existe-t-il un ensemble de symptômes cohérent et diagnostiqué de manière fiable qui constitue ce trouble? Le diagnostic est-il en corrélation avec quoi que ce soit? Jusqu'à présent, les chercheurs n'ont pu se concentrer que sur ce premier critère, en essayant de définir la constellation de symptômes qui constitue une dépendance à un ordinateur ou à Internet. Il est bien évident aussi qu'un tel discours joue parfaitement en faveur des seigneurs des réseaux

Les psychologues classent les personnes comme dépendantes d'Internet si elles remplissent au cours de la dernière année, quatre ou plus des critères énumérés ci-dessous:

- Vous sentez-vous préoccupé par Internet ou par les services en ligne et y pensez-vous hors ligne?
- Ressentez-vous le besoin de passer de plus en plus de temps en ligne pour être satisfait?
- Êtes-vous incapable de contrôler votre utilisation en ligne?
- Vous sentez-vous agité ou irritable lorsque vous essayez de réduire ou d'arrêter votre utilisation en ligne?
- Allez-vous en ligne pour échapper à des problèmes ou soulager des sentiments tels que l'impuissance, la culpabilité, l'anxiété ou la dépression?
- Mentez-vous aux membres de votre famille ou à vos amis pour leur cacher la fréquence et la durée de votre connexion?
- Risquez-vous la perte d'une relation, d'un emploi ou d'une opportunité d'études ou de carrière importante en raison de votre utilisation en ligne?
- Continuez-vous à revenir même après avoir dépensé trop d'argent en frais en ligne?
- Passez-vous par un sevrage hors ligne, comme une dépression accrue, des sautes d'humeur ou de l'irritabilité?
- Restez-vous en ligne plus longtemps que prévu?

- Changements drastiques de style de vie afin de passer plus de temps sur le net

- Diminution générale de l'activité physique
- Mépris pour sa santé en raison de l'activité sur Internet
- Eviter les activités importantes de la vie pour passer du temps sur le net
- Privation de sommeil ou modification des habitudes de sommeil pour passer du temps sur Internet
- Diminution de la socialisation, entraînant la perte d'amis
- Négliger sa famille et ses amis
- Refuser de passer une longue période hors du net
- Envie de passer plus de temps devant l'ordinateur
- Négliger son travail et ses obligations personnelles
- Une réponse conditionnée (augmentation du pouls, de la pression artérielle) à la connexion du modem
- Un «état de conscience altéré» pendant de longues périodes d'interaction similaire à un état de transe.
- Rêves apparaissant sous forme de texte défilant .
- Irritabilité extrême lorsqu'il est interrompu par des personnes / choses dans la «vraie vie» alors qu'il est immergé dans le net .
- Est-ce que vous négligez des choses importantes dans votre vie à cause de ce comportement?
- Ce comportement perturbe-t-il vos relations avec des personnes importantes dans votre vie?
- Les personnes importantes de votre vie sont-elles ennuyées ou déçues par vous à propos de ce comportement?
- Êtes-vous sur la défensive ou irritable lorsque les gens critiquent ce comportement?
- Vous sentez-vous coupable ou anxieux de ce que vous faites?
- Vous êtes-vous déjà retrouvé à rester secret ou à essayer de «dissimuler» ce comportement?
- Avez-vous déjà essayé de réduire, mais en avez-vous été incapable?

- Si vous avez été honnête avec vous-même, pensez-vous qu'il existe un autre besoin caché qui motive ce comportement?

Si vous êtes un peu confus ou dépassé par tous ces critères, c'est compréhensible. C'est précisément le dilemme auquel sont confrontés les psychologues dans le processus minutieux de définition et de validation d'une nouvelle catégorie diagnostique. Sur le plan plus léger, considérez certaines des tentatives les plus humoristiques pour définir la dépendance à Internet:

- Vous vous réveillez à 3 heures du matin pour aller aux toilettes et vérifier Facebook.
- Vous obtenez un tatouage qui lit "Ce corps est mieux vu avec Firefox."
- Vous nommez vos enfants Twitter et Dotcom.
- Vous éteignez votre ordinateur et ressentez cette horrible sensation de vide, comme si vous veniez de débrancher un être cher.
- Vous passez la moitié du voyage en avion avec votre ordinateur portable sur vos genoux ... et votre enfant dans le compartiment supérieur.
- Vous décidez de rester à l'université pendant une ou deux années supplémentaires, juste pour l'accès gratuit à Internet.
- Vous vous moquez des gens qui ont des moniteurs CRT.
- Vous commencez à utiliser des smileys dans votre courrier postal.
- Le dernier compagnon que vous avez choisi était un JPEG.

- Votre ordinateur plante. Vous ne vous êtes pas connecté depuis deux heures. Vous commencez à vous contracter.

Les gens deviennent «accros» à Internet, ou agissent pathologiquement dans le cyberespace, lorsqu'ils l'ont dissocié de leur vie . Leur activité dans le cyberespace devient un monde en soi dans lequel ils s'enchainent. Ils n'en parlent pas avec les gens dans leur vie. Cela devient un substitut cloisonné ou une évasion de leur vie. Le cyberespace devient presque une partie dissociée de leur propre esprit, une zone intrapsychique fermée où les fantasmes et les conflits sont mis en scène: Le test de réalité est perdu. La correction de cette dissociation est une composante implicite ou explicite de nombreuses techniques d'aide aux personnes dépendantes d'Internet.

D'un autre côté, une utilisation saine d'Internet signifie l'intégration des mondes et du cyberespace. Vous parlez de votre vie en ligne avec votre famille et vos amis dans le monde réel. Vous apportez votre véritable identité, vos intérêts et vos compétences dans votre communauté en ligne. Vous appelez au téléphone ou rencontrez en personne les personnes que vous connaissez en ligne. Et cela fonctionne aussi dans l'autre sens: certaines des personnes que vous connaissiez principalement dans le monde réel, vous les contactez également par e-mail ou par chat.

Faire entrer dans le monde réel est un principe important pour aider les personnes qui sont bloquées de manière addictive dans le cyberespace. Et c'est aussi un outil puissant pour intervenir auprès des personnes qui ont une dépendance à se comporter mal dans le cyberespace. Les psychologues débordent de discussions sur la dépendance à Internet. Bien sûr, ces psychologues qui plongent avidement dans le cyberespace pour faire des recherches sur ce phénomène peuvent être en train de vivre exactement ce qu'ils étudient, mais c'est une autre histoire.

Plusieurs questions importantes se posent encore devant nous: quelles formes prend cette addiction? Quelles en sont les causes? Est-ce toujours un symptôme de pathologie mentale, ou y a-t-il un côté positif à être «dépendant»? Il existe une variété de théories sur le sujet. Un dénominateur commun est l'idée que les gens se préoccupent d'une chose, d'une personne ou d'une activité parce que cela répond à un besoin: un sadisme digital.

Les humains sont des êtres complexes et les besoins qui alimentent leur comportement sont donc complexes et nombreux. Dans les années 1960, Abraham Maslow, l'un des fondateurs de la psychologie humaniste, a cartographié la grande variété des besoins humains selon une hiérarchie allant des besoins biologiques très fondamentaux à ceux d'ordre supérieur d'ordre esthétique et auto-réalisateur. Lorsqu'une personne est capable de satisfaire les besoins à un niveau, elle est alors prête à passer au suivant.

Les «dépendances» peuvent être saines, malsaines ou un mélange des deux. Si vous êtes fasciné par un passe-temps, que vous vous y consacrez, que vous aimeriez passer le plus de temps possible à le poursuivre , cela pourrait être un exutoire pour l'apprentissage, la créativité et l'expression de soi. Même dans certaines addictions malsaines, vous pouvez trouver ces caractéristiques positives intégrées au problème. Mais dans les addictions vraiment pathologiques, l'échelle a basculé. Le mauvais l'emporte sur le bien, ce qui entraîne de graves perturbations dans sa capacité à fonctionner dans le monde «réel». Les gens deviennent dépendants de toutes sortes de choses - drogues, alimentation, jeux d'argent, exercice, dépenses, sexe, etc. En les regardant d'un point de vue clinique, les addictions pathologiques ont généralement leur origine tôt dans la vie d'une personne, où elles peuvent être attribuées à de graves privations et à des conflits aux deux premiers niveaux de la hiérarchie de Maslow. Sur un plan plus pratique, la dépendance problématique peut être définie comme tout ce qui ne répond jamais vraiment à vos besoins, qui, à long terme, vous rend malheureux , ce qui perturbe votre vie.

Il y a d'autres aspects potentiellement frustrants de la socialisation du net. L'une de ces frustrations peut, paradoxalement, favoriser la dépendance chez certaines personnes. Parce qu' internet se sent comme un nouveau territoire pionnier avec de nombreuses récompenses potentielles, une ruée vers la terre s'est installée. De nombreux nouveaux utilisateurs font leur apparition. Parmi le flot croissant de personnes, si vous voulez développer et entretenir des amis ... si vous voulez que les gens connaissent votre nom ... vous devez continuer à revenir. Plus vous y passez de temps, plus les gens vous connaissent, plus vous êtes considéré comme un membre qui est «l'un des nôtres». Si vous ne vous êtes pas connecté depuis quelques jours ou plus, vous aurez peut-être l'impression de perdre du terrain, que vous serez oublié. Vous ne voulez pas que les relations que vous avez développées disparaissent. Vous vous sentez donc obligé de revenir en arrière et de rétablir ces liens avec la communauté et les followers éventuellement. Pour les influenceurs et blogueurs par exemple, comme pour plusieurs personnes, ce sont précisément ces liens sociaux qui vous incitent à revenir. Sans eux, le net ne serait qu'une autre addiction aux jeux vidéo qui disparaîtrait rapidement.

Au niveau suivant de la hiérarchie de Maslow se trouve le besoin d'apprentissage, d'accomplissement, de maîtrise de l'environnement et d'estime de soi qui découle de ses réalisations. La théorie opérante en psychologie ajoute que l'apprentissage est plus puissant lorsque de petites unités d'accomplissement sont rapidement renforcées. Les ordinateurs en général sont tellement addictifs parce qu'ils font tout cela de manière très efficace et gratifiante. Vous êtes confronté à un problème ou à une fonction informatique inconnue, vous étudiez, vous essayez des solutions, vous trouvez enfin et l'ordinateur fait quelque chose de spécifique et concret pour vous qu'il n'a jamais fait auparavant. Challenge, expérimentation, maîtrise, succès! C'est un cycle très addictif qui vous donne envie d'apprendre et d'en faire plus.

Le net, étant un environnement technique et social complexe, pose peu de limites à ce qu'une personne peut expérimenter et apprendre. Les nouveaux membres prennent grand plaisir à apprendre les bases de la conversation, de l'utilisation d'accessoires, de la lecture de scripts standard et de la navigation dans le labyrinthe plutôt complexe de pièces. Créer de nouveaux accessoires est un passe-temps très populaire qui nécessite à la fois des compétences techniques et artistiques. En effet, certains membres l'ont raffiné en une forme d'art. Pour ceux qui veulent vraiment étendre leurs prouesses techniques, il y a le défi d'apprendre le langage informatique. Pour ceux qui ne sont pas attirés par l'aspect technique du net, il y a le défi d'apprendre sa culture sociale, c'est-à-dire de découvrir ses habitants, ses normes, sa structure, son histoire et ses légendes, et de participer à l'élaboration de son avenir. Explorer et maîtriser les nombreux niveaux du net peut être une source de curiosité sans fin et une source sans fin d'estime de soi. Comme le cyber-monde dans son ensemble, ce n'est pas un environnement statique. De nouvelles fonctionnalités techniques et sociales apparaissent constamment dans cet hôtel California du groupe Eagles. Ses descriptions lyriquement vives de champagne rose, de lumières scintillantes, d'autoroutes sombres du désert et de voix dans la nuit évoquent des images d'un voyage qui est superficiellement glamour, mais cache quelque chose de caché et d'insidieux. L'ouverture onirique et acoustique s'enchaîne dans une basse sombre et coulissante qui invite l'auditeur à rêver de mondes contrastés: ce qui est vu et ce qui est réel. Au fur et à mesure que la chanson progresse et que le chanteur rencontre des personnages et des situations étranges, le sentiment de piège grandit et grandit dans la chanson. L'hôtel California donne la fausse impression d'un endroit idyllique où l'on arrive les cheveux au vent sous le soleil, libre comme l'air. Pourtant le titre cache une réalité beaucoup plus sombre, d'un homme en proie à une folie passionnelle qui devient prisonnier malgré lui et tout au long de la mélodie, les addictions sont omniprésentes.

Au sommet de la hiérarchie de Maslow se trouve le besoin de «réalisation de soi». Ce besoin englobe le besoin de réaliser des relations interpersonnelles, de s'exprimer, de satisfaire ses besoins intellectuels et artistiques en s'engageant avec succès dans le monde qui nous entoure. La clé de la réalisation de soi, cependant, est qu'elle implique spécifiquement l'effort vers le développement de soi-même en tant qu'individu unique. C'est le processus continu de réalisation et de culture de son potentiel intérieur. C'est l'épanouissement du "vrai" soi ...

Tout le monde n'atteint pas ce niveau de la pyramide de Maslow. Les gens ont le sentiment de développer des relations épanouissantes avec les autres sur le net. Ils expriment leur potentiel intellectuel en explorant les dimensions techniques et sociales d'internet. En utilisant la variété des outils de communication disponibles, des accessoires, les gens réalisent peut-être même des intérêts intérieurs, des attitudes et des aspects de leur personnalité qui étaient auparavant cachés. Les gens se dirigent-ils vraiment vers la culture d'eux-mêmes en tant qu'individus uniques et créatifs? Sur internet, ils se sentent plus comme eux-mêmes que dans la vraie vie. Ils sont plus ouverts, expressifs, chaleureux, spirituels, amicaux. Encore une fois, l'anonymat partiel (ne pas être vu ou entendu en personne) permet aux gens d'être moins inhibés comme dans les salons échangistes. À certains égards, ce n'est pas sans rappeler le poète, l'écrivain ou l'artiste qui, grâce à leur travail, apprennent à s'exprimer pleinement sans être pleinement en présence des autres.

Un autre aspect important de la réalisation de soi, selon Maslow, est le développement de sa spiritualité. Cela soulève une question fascinante. Les gens découvrent-ils leur vie spirituelle dans le cyberespace? À première vue, cela peut sembler une idée absurde à certaines personnes. Mais pour certains utilisateurs et ces utilisateurs sont probablement minoritaires, le cyberespace pose des mystères sur la nature de la conscience, de la réalité et de soi. Alors que je me déplace dans le cyberespace, où est mon esprit? Où suis je? Suis-je vraiment juste dans mon corps, ou est-ce que l'essence de moi quelque part «là-bas» se mêle à la conscience des autres, fusionnant avec cette conscience plus large qu'est «Internet». Cette conscience est-elle moins réelle que ce que j'expérimente dans le «réel» la vie ou plus?

Si Internet résume l'évolution d'un esprit-monde et d'un moi-monde en un tout universel, et que je fais partie de ce Tout, alors où cela mène-t-il? Dieu, est-il quelque part dans tous ces fils et puces électroniques? Qu'est-ce qui pourrait être plus captivant et addictif pour un utilisateur que la recherche de Dieu?

CHAPITRE VI

L'immortalité numérique

There's no time for us, There's no place for us.
What is this thing that builds our dreams yet slips away from us.
There's no chance for us, it's all decided for us.
This world has only one sweet moment set aside for us.
But touch my tears with your lips,
Touch my world (computer keyboard) with your fingertips.
And we can have forever, And we can love forever.
Forever is our today, Who wants to live forever,
Who wants to live forever?

Freddie Mercury

Joe Black est en train de mourir. Les médecins lui ont dit que sa maladie pulmonaire était incurable et ne lui donnait que deux ans à vivre. Mais cela lui etait completement egal et il est complètement à l'aise, buvant du thé, assis dans le fauteuil de son lumineux salon du sud de Rabat, son chat noir recroquevillé sur ses genoux. Il est parfaitement calme, car il va être immortel.

Comme des milliers de personnes, Joe Black a fait des plans pour rester en vie dans le monde numérique après avoir quitté le monde réel. Il s' inscrit à DeadSocial , un service en ligne gratuit qui permet aux gens de vivre grâce à leurs comptes de médias sociaux. Les utilisateurs peuvent télécharger un nombre illimité de photos, vidéos, messages audio et texte qui seront envoyés sur Facebook, Twitter, LinkedIn et le site DeadSocial après leur mort. Ils peuvent programmer les messages à publier à tout moment, jusqu'à 999 ans dans le futur. Avec ce genre de service, Joe Black pourrait souhaiter à ses descendants tout le meilleur au tournant du prochain millénaire. Grâce à DeadSocial, vous pouvez vous assurer que l'essence de qui vous étiez, reste à tout jamais vivant sur Internet. Cela trompe la mort.

La version téléchargée de Joe Black est la version organisée et soigneusement gérée de lui-même à qui il veut donner la vie éternelle. Professeur universitaire, il adore lire la philosophie et réfléchit à la manière dont ses descendants se souviendront de lui, conscient que les souvenirs sont aussi éphémères que les corps, et soumis aux déformations de celui qui feuillette le souvenir. Non seulement Joe Black a rédigé son testament de biens physiques, mais il a également pris en compte tous son héritage numérique qui restera en ligne après sa mort.

En plus de rédiger et de planifier des messages, Joe Black a affecté des exécuteurs testamentaires qui activeront les messages une fois qu'ils sentiront que ses proches sont prêts à les consulter. C'est une décision importante car Les exécuteurs testamentaires sont ceux qui contactent DeadSocial pour lui annoncer le décès de Joe. Bien qu'ils ne puissent pas modifier ou afficher les messages avant de les publier, ils sont responsables de leur administration. En dehors du service d'héritage numérique, DeadSocial dispose d'un certain nombre de ressources pour les vivants et les personnes récemment endeuillées: des guides de fin de vie pour savoir comment préparer les comptes Facebook, Twitter et Instagram pour votre décès ou quoi faire avec un être cher après leur décès. Ils offrent des conseils sur les arrangements funéraires et vos options de fin de vie . Vous pouvez également laisser une "vidéo d'adieu" pour tout le monde. Tout cela est extrêmement morbide, mais une présence soigneusement préparée sur les réseaux sociaux durera des générations et sera la façon dont vos descendants se connecteront à vous à l'avenir.

Que nous l'ayons envisagé ou non, notre présence sur les réseaux sociaux nous survivra, que ce soit dans des packages commémoratifs soigneusement gérés ou coincés de manière poignante dans les limbes, comme le compte Twitter de Peaches Geldof. Nos héritages et souvenirs sont de plus en plus stockés dans le cloud plutôt que dans des boîtes à chaussures. C'est là que nous avons laissé des traces de notre personnalité qui pourraient un jour être utilisées pour nous reconstruire, à la manière du Black Mirror . Et tout comme nos profils de médias sociaux sont un reflet idéalisé de nous-mêmes de notre vivant, certaines personnes veulent sculpter l'identité qu'elles laisseront derrière elles à leur mort.

DeadSocial est le dernier d'une multitude de services destinés à l'au-delà numérique. Certains, comme Legacy Locker, Cirrus Legacy et Secure Safe, stockent les mots de passe des utilisateurs et les fichiers importants et les communiquent aux exécuteurs testamentaires à la mort de leurs propriétaires.

Ce n'est pas la même chose que de remettre les clés du coffre-fort. officiellement, une grande partie de notre propriété numérique ne peut pas être héritée. Votre musique iTunes, par exemple, ne vous appartient que sous licence et ne peut être transférée à personne d'autre. Si vous voulez léguer votre collection de disques à vos enfants, vous feriez mieux de dépenser votre argent en vinyle.

Les services qui gèrent vos relations à titre posthume sont un peu plus effrayants. LivesOn dont le sloganpublicitaire est "Quand votre cœur s'arrêtera de battre, vous continuerez à tweeter", gardera votre fil Twitter en vie en analysant vos anciens tweets, en apprenant votre syntaxe et vos sujets favoris, et en les utilisant pour prédire ce que vous diriez. Vous n'avez pas besoin d'être mort pour l'utiliser: il a été conçu à l'origine pour les personnes trop occupées pour écrire leurs propres tweets. Bien sûr, vous n'avez pas aussi besoin d'une application pour avoir une vie après la mort numérique: vous pouvez simplement demander à une personne de confiance de réaliser vos souhaits en ligne après votre départ.

Je me demande, n'est-ce pas un peu contre-productif d'utiliser autant de temps dans votre vie réelle pour créer et planifier tous les messages, photos et mises à jour dont vous aurez besoin dans le monologue d'une vie après la mort numérique? Les messages ont certainement plus de gravité lorsqu'ils viennent de la tombe, que ce soit dans une lettre d'un soldat tombé au combat, une note enterrée dans une capsule temporelle ou dans un message Facebook programmé. C'est un pouvoir qui pourrait être abusé: si vous y étiez enclin, vous pourriez utiliser un service comme DeadSocial pour hanter quelqu'un, le harceler et le tourmenter pendant des années après votre mort.

Sur le marché de plus en plus encombré des services numériques après la mort, le concurrent le plus proche de DeadSocial est If I Die, une application israélienne lancée en 2011. Son service gratuit permet aux utilisateurs d'enregistrer un seul message qui sera publié sur leur mur Facebook dès la notification de leur décès , et pour 25 $, ils peuvent faire cinq vidéos. Son créateur, Eran Alfonta, affirme avoir des centaines de milliers d'utilisateurs et s'attend à en avoir un million cette année.

Finalement, les gens sont sur Facebook avant de naître, sur une photo échographique publiée par de jeunes futurs parents. Ils naissent sur Facebook, grandissent, se marient et divorcent sur Facebook, et nous mourons aussi sur Facebook. Je pense que c'est un complément très naturel à nos vraies vies . Et si vous ne voulez pas d'une vie après la mort numérique, ceux qui veulent disparaître des réseaux sociaux dès leur mort doivent s'y préparer. Peu importe la façon dont certains planifient soigneusement, personne ne peut contrôler le personnage qui doit vivre. Même si vos profils sont laissés exactement selon vos souhaits, vous ne pouvez pas empêcher d'autres personnes de laisser des souvenirs conflictuels de vous en ligne, ni contrôler la façon dont vous apparaissez sur Google du futur lorsque vos descendants vous recherchent. En tant que packages organisés, les projets que nous élaborons pour vivre pourraient finir par en dire moins sur qui nous sommes vraiment et plus sur les valeurs de la société dans laquelle nous vivons actuellement.

La science médicale aujourd'hui croit que la première personne qui vivra jusqu'à 150 ans est déjà née . C'est-à-dire que la technologie médicale progresse plus vite que notre espérance de vie, ce qui signifie qu'à un moment donné, en théorie, elle pourra dépasser la mort. L'idée d'immortalité physique est tout aussi menaçante, mais beaucoup moins immédiate, que l'idée d'immortalité digitale informationnelle. Aujourd'hui, on oublie assez rapidement ce que les générations précédentes pensaient et croyaient, ce qui est quelque peu libérateur, dans la mesure où les générations suivantes sont relativement libres d'inventer leur propre voie.

Le désir humain d'être immortalisé à travers le temps est fondamental, et il est logique que les archives numériques soient une option attrayante pour établir une vie éternelle. En réponse, les sites de médias sociaux, comme Facebook , ont déjà créé des moyens de commémorer quelqu'un après sa mort et de fixer son profil en place. Nous sommes, en tant qu'espèce, des bâtisseurs d'héritage. Mais dans notre quête pour laisser notre empreinte à l'ère de l'information, nous avons commencé à regarder au-delà du fini, au-delà du physique et dans l'espace numérique.

Je pense que les gens ont toujours lutté pour la permanence numérique, avant même que le concept de numérique n'existait sous sa forme moderne, parce que l'immortalité ultime a toujours été rappelée dans le cerveau humain collectif. Je vais citer L'Iliade, parce qu'Achille était un individu imparfait qui voulait qu'on se souvienne à jamais de lui. Si Internet avait existé, il aurait certainement voulu que son site Web soit archivé. Mais que cela ait été important ou non et qu'il semble valoir la peine d'être sauvé à long terme, cela aurait été soumis au même hasard qui a rendu les œuvres d'Homère si emblématiques.

L'utilisation d'assistants virtuels tels que Siri qui fournissent des interfaces vocales et conversationnelles, la croissance des techniques d'apprentissage automatique pour exploiter de grands ensembles de données et l'augmentation du niveau d'autonomie accordé aux systèmes contrôlés par ordinateur représentent tous des changements dans l'intelligence artificielle qui s'améliorent. La croissance de la capture de la personnalité et des niveaux de stimulation cérébrale ainsi que la vie inspirée par le calcul après la mort peuvent changer l'avenir de la religion, affecter la compréhension de l'au-delà et augmenter l'influence des morts survivants numérisés dans la société.

CHAPITRE VII

Les fantômes numériques...

Dans ce chapitre je m'efforcerai de donner un aperçu des développements récents dans le domaine de l'immortalité numérique, en explorant le fait comment de tels immortels numériques pourraient être créés. Je présenterai les premiers résultats d'une étude qui a créé un personnage virtuel. Ce système prototype contient des souvenirs, des connaissances, des processus et une modélisation pertinents des traits de personnalité, des connaissances et de l'expérience d'un individu et incorpore également la vision subjective et peut-être erronée de la réalité de l'individu.

On fait valoir que ce système offre la possibilité de développer un personnage qui apprend après la mort. L'idée de créer l'immortalité numérique suscite des inquiétudes chez les acteurs du développement logiciel. Dans une étude récente, il a été constaté que les valeurs religieuses et morales affectaient la perception de la mort, qui à son tour affectait les solutions de conception. Des études comme celle-ci illustrent comment les croyances culturelles, politiques et religieuses peuvent affecter les paysages techniques autour de la conception de l'immortalité numérique. Des entreprises telles que Eter9, Lifenaut et Eternime prétendent toutes offrir des versions d'immortalité numérique basées sur des chatbot, mais les défis de la création d'un immortel numérique efficace sont considérés ici dans le contexte de la création d'un personnage virtuel d'une personne vivante à utiliser pendant qu'ils sont toujours en vie.

Le nouveau site Eter9 promet l'immortalité numérique en utilisant une sorte d'intelligence artificielle pour scanner vos messages. Il continuera ensuite à publier en ligne pour vous après votre décès. Il existe également des robots appelés Niners que vous pouvez adopter. Cela signifie que le réseau social peut maintenir ses niveaux d'engagement via des robots et des homologues interagissant sans aucun humain. Et vous pouvez également rencontrer votre image miroir des médias sociaux avant de mourir. Les utilisateurs contrôlent le niveau d'activité de leur homologue de son vivant, ce qui lui permet de publier pendant qu'ils sont hors ligne. L'idée de créer un profil sur les réseaux sociaux qui apprend votre comportement et continue de publier après votre mort n'est pas totalement nouvelle. Mais de nombreux sites promettant la vie éternelle ont eux-mêmes des problèmes de mortalité. Un site appelé Virtual Eternity mis en place en 2010 vous permet de former votre homologue avec des tests de personnalité, de télécharger un profil vocal et des photos pour que votre miroir de médias sociaux en parle. Cependant, il a fermé ses portes deux ans plus tard, alors que seulement 10 000 personnes se sont inscrites. L'idée de l'IA des médias sociaux n'est pas au-delà des domaines du possible.

Lorsqu'on utilise le logiciel Eternime, on s'attend à ce que l'individu entraîne son immortel avant la mort grâce à des interactions quotidiennes. Les données sont apparemment extraites de Facebook, Fitbit, Twitter, des e-mails, des photos, des vidéos et des informations de localisation, la personnalité de l'individu étant développée par le biais d'algorithmes via la correspondance de modèles et l'exploration de données.

Facebook a trois laboratoires d'IA et Mark Zuckerberg a révélé que son objectif était de créer des systèmes d'IA "qui sont meilleurs que les humains au niveau de nos sens primaires: vision, écoute, etc." Facebook utilise déjà un logiciel de reconnaissance faciale qui prétend reconnaître les gens 83% du temps. Il a également récemment annoncé qu'il disposait d'un logiciel capable de générer des images que les humains pensent être réelles 40% du temps. Pendant ce temps, le Massachusetts Institute of Technology tente de développer un logiciel qui offre aux utilisateurs un autre type d'immortalité. En mode test privé pour le moment, appelé eterni.me capable de recueillir nos pensées, histoires et souvenirs, les organise et crée un avatar intelligent qui nous ressemble.

Les possibilités de créer l'immortalité numérique sont devenues plus sophistiquées grâce aux progrès technologiques. Par exemple, Google Duplex a récemment pu réserver verbalement une table de restaurant sans que l'autre partie se rende compte qu'elle parlait à un ordinateur. L'idée de pouvoir vivre au-delà de votre mort naturelle a une longue histoire dans notre culture et reste populaire dans les romans, tels que The Night's Dawn Trilogy de Peter Hamilton. A certains égards, cette route numérique vers les immortels numériques qui peuvent apprendre semble beaucoup plus réaliste que le téléchargement de l'esprit, l'émulation du cerveau entier et la cryogénie promus par de nombreux post-humanistes.

Compte tenu de l'état pratique d'Eter9 et de Lifenaut, et de «l'Alpha privé» continu d'Eternime, il semblerait qu'il y ait plus de battage médiatique que de substance dans une grande partie de la couverture médiatique actuelle de ces systèmes d'immortalisation numérique. Il existe également d'autres projets android / chatbot de haut niveau qui doivent être abordés avec prudence. Par exemple, à l'automne 2017, Sophia, un robot humanoïde a prononcé un discours aux Nations Unies et a même obtenu la citoyenneté saoudienne.

Sophia the Robot est le cerveau du Dr David Hanson de Hanson Robotics, basé à Hong Kong, un homme de la Renaissance moderne qui s'est bâti une réputation en créant les robots les plus humains au monde. Ancien Imagineer de Disney, la mission de Hanson est de créer des machines de génie qui sont plus intelligentes que les humains et capables d'apprendre la créativité, l'empathie et la compassion. Sophia donne un aperçu du potentiel impressionnant de l'IA et de la robotique. Elle fournit également des informations éclairantes sur les questions morales et éthiques provocantes qui accompagnent les formes de vie intelligentes non humaines.

Sophia a fait la couverture du magazine Elle, est apparue à la télévision chinoise, s'est exprimée devant l'Assemblée générale des Nations Unies et a été nommée première citoyenne non humaine d'Arabie saoudite. Elle possède une intelligence surhumaine et une capacité avancée à lire les visages, à comprendre les émotions, à comprendre les nuances du langage et à communiquer avec des milliers d'expressions faciales.

Sophia a discuté de sujets allant de "Les robots vont-ils conquérir le monde?" Comment l'intelligence artificielle pourrait mettre fin à la faim dans les pays en développement. Sophia interagit avec les humains d'une manière profondément personnelle, prévoyant un futur proche où des humanoïdes amicaux et attentionnés nous aident à résoudre nos problèmes les plus difficiles pour créer un monde meilleur.

Sophia the Robot a chanté en concert, s'est adressée au public en mandarin, a débattu de l'avenir de la race humaine (contre un autre robot) et a généré des milliards de vues et d'interactions sur les réseaux sociaux. Elle a également montré ses vastes connaissances technologiques et son sens des affaires en pleine croissance, rencontrant des leaders des secteurs de la banque, de l'assurance, de l'automobile, de la promotion immobilière, des médias et du divertissement. Maintenant, Sophia fait sensation dans le monde de l'art en mettant aux enchères une œuvre numérique qu'elle a produite en collaboration avec un artiste italien de la vie réelle. Elle s'est vendu en mars 2021 pour 688888 $, la première créée en partie par un non-humain.

Dans une tentative de comprendre ce qui est et n'est pas actuellement possible en termes de création d'un chatbot qui pourrait former la base d'une immortalisation numérique au niveau de l'avatar, plusieurs universités ont travaillé pour créer un personnage virtuel, qui est une représentation numérique de certains des souvenirs, connaissances, expériences, personnalité et opinions d'un etre humain vivant. L'intention, dans la présente étude, est qu'un utilisateur puisse interagir avec le Virtual Persona de la même manière qu'il le ferait avec son sujet physique, et que le Virtual Persona présente les mêmes informations hautement subjectives et éventuellement défectueuses et biaisées. , vues et opinions comme son sujet physique.

Le scénario qui anime le développement de Virtual Persona n'est pas la création d'un immortel numérique en soi, mais plutôt la création d'un personnage qui pourrait être laissé pour compte lorsqu'un employé passe d'un emploi à un autre. Il pourrait éventuellement être consulté par son successeur afin d'obtenir des conseils sur la façon de faire le travail, des opinions et des informations sur les projets, les clients, les fournisseurs, les technologies, les procédures et le personnel. Le projet et le personnage sont très bien considérés dans le contexte de la gestion des connaissances et visent à explorer comment une personne virtuelle pourrait aider à la capture, la détention, la distribution, l'accès et l'utilisation des connaissances.

Dans le contexte de l'immortalité numérique cependant, la capacité d'accéder aux connaissances, aux expériences et aux idées acquises par quelqu'un qui n'est plus disponible, pourrait offrir des conseils et un soutien à ceux qui vivent encore. En effet, un immortel numérique serait créé dans le but de conserver les connaissances de l'entreprise si le sujet physique réel mourait subitement dans un accident ou d'une maladie en phase terminale. C'est la probabilité que de tels incidents malheureux se produisent qui nécessitent une prise en compte précoce des problèmes éthiques, moraux et juridiques liés à l'immortalité numérique. Les raisons de vouloir créer une telle personnalité sont motivées par des besoins vraiment banals, tels que la façon de conserver la mémoire d'entreprise au sein d'une organisation, en particulier si les gens partent ou prennent leur retraite tôt, ou la nature du travail rend difficile d'entrer en contact avec titulaires de postes précédents. Ne serait-ce pas bien si vous pouviez simplement discuter rapidement avec les personnes précédentes pour faire votre travail, leur demander leurs points de vue et leurs opinions, exploiter leurs connaissances et leur expérience, même si elles travaillaient maintenant ailleurs, ou pour quelqu'un d'autre, ou à la retraite - ou vous êtes trop gêné pour les appeler?

CHAPITRE VIII

Virtual Barry...

Virtual Barry illustre les deux façons les plus réalisables de créer les connaissances basées sur un tel immortel numérique. Premièrement, la saisie manuelle des informations, facilitée par une interface de type conversationnel «mentor virtuel». Deuxièmement, l'utilisation de techniques basées sur l'apprentissage automatique pour extraire des informations à partir de bases de données et de documents existants, les traces numériques, créées par le sujet. Cependant, en passant de Virtual Barry à un immortel numérique mature, d'importants systèmes supplémentaires devront être ajoutés.

L'immortel numérique peut «lire» une variété de sources d'informations et a un accès bidirectionnel à une gamme de systèmes du monde réel. Comme tout humain virtuel, il peut s'incarner dans des mondes virtuels (en tant qu'avatar) et, éventuellement, dans le monde physique (via un robot), ainsi qu'à travers une interface 2D, ou un email, des réseaux sociaux, auditif, chat ou présence Skype. Il dispose d'une capacité de compréhension et de génération du langage naturel pour permettre une communication bidirectionnelle avec les personnes (et d'autres humains virtuels et immortels numériques) dans le monde physique, et il pourrait synchroniser ses connaissances et ses activités entre plusieurs instances de lui-même. Une fois l'immortalité numérique créée, il est important de considérer comment elle interagirait avec le monde et comment les autres pourraient interagir avec lui. Quatre domaines clés ont été identifiés :

- L'immortel numérique devrait être en mesure de mettre à jour les flux RSS, e-mail, Web et autres flux de données afin de se mettre à jour en permanence sur le monde. Il existe déjà des applications qui extrairont les idées clés des pages Web et des flux RSS, qui pourraient être exploitées par l'immortel numérique
- L'immortel numérique doit être en mesure d'utiliser les interfaces de programmation d'application (API) existantes pour effectuer des requêtes, publier des messages ou demander des modifications dans d'autres systèmes informatiques, tout comme leurs sujets peuvent avoir publié des messages sur les médias sociaux ou effectué des transactions financières via une banque en ligne. ou courtier.
- L'impact émotionnel et éthique que les parents, collègues et amis peuvent ressentir en interagissant avec l'immortel numérique a été discuté précédemment. De toute évidence, lorsque l'immortel numérique interagit avec des personnes pour lesquelles il n'est pas connu, l'interaction serait dépourvue de tout sentiment d'étrangeté, ce qui est important pour la prochaine considération.
- Afin d'interagir avec le monde physique, l'immortel numérique n'a pas besoin d'une manifestation physique, il peut simplement émettre des commandes aux systèmes de contrôle du monde physique. Au niveau macro, si l'immortel numérique contrôle les fonds et les entreprises que son Sujet possédait, son effet sur le monde physique à travers ses agents humains (employés) pourrait être immense. Donner l'incarnation immortelle numérique dans le monde physique en tant que robot ou androïde est presque un spectacle parallèle. À un niveau plus banal, il existe de nombreux sites

sur le Web, par exemple, Mechanical Turk d'Amazon (https://www.mturk.com /) ou People Per Hour (https://www.peopleperhour.com/), où les utilisateurs (humains ou ordinateurs) peuvent publier des tâches à effectuer par des humains physiques - et qui permettrait à l'immortel numérique (ou humain virtuel) d'étendre ses capacités dans les mondes numérique et physique.

L'immortalité numérique semble changer la compréhension du deuil et de l'au-delà. Le désir d'exister après la mort peut être compréhensible, mais la vitesse à laquelle la technologie conduit l'immortalité numérisée ne peut être négligée. L'opportunité de vivre a le potentiel de changer radicalement le paysage religieux, et les développements récents suggèrent des impacts sociopolitiques dans la compréhension de l'incarnation, de la mort, de la vie sociale des morts et de nouvelles formes de vénération post-mortem. L'immortalité numérique semble à la fois évocatrice et gênante, affectant les émotions et la capacité de pleurer et de gérer les héritages.

Les idées et la présence posthume sur les réseaux sociaux continuent d'intéresser de nombreuses personnes, et cela devient souvent apparent lors de la réception de messages d'amis décédés sur les réseaux sociaux. Ces développements récents semblent suggérer des impacts sociopolitiques tels que des changements dans la compréhension de l'incarnation, de la mort et de l'au-delà, de nouvelles perceptions de la vie sociale des morts et de nouvelles formes de vénération post mortem. L'impact émotionnel, social, financier et commercial de l'immortalité numérique active sur les relations, les amis, les collègues et les institutions reste un domaine qui fait l'objet de recherches. Les questions de préservation et de confidentialité et les implications juridiques d'une présence continue au-delà du contrôle autonome de la présence mortelle demeurent une énigme à la fois éthique et législative.

Si les théories de l'apprentissage n'ont jamais été statiques, la distinction entre les approches pédagogie comportementale, cognitive, développementale et critique , continue de s'éroder. Au XXIe siècle, on met de plus en plus l'accent sur ce que les élèves apprennent et sur la manière dont ils apprennent et sur les moyens de créer des environnements d'apprentissage pour s'assurer qu'ils apprennent efficacement - même si une grande partie de cette question reste contestée. Pour qu'un immortel numérique apprenne, il serait important de considérer l'apprentissage comme dégroupé, comme quelque chose qui ne se déroule plus en grande partie au sein des établissements d'enseignement, mais qui inclut plutôt certaines des pratiques suivantes :

- *Mentorat* : utiliser des appareils mobiles pour rester en contact avec les parents ou d'autres adultes importants afin d'obtenir des conseils, se sentir soutenu ou utiliser comme caisse de résonance la messagerie Whatsapp ou Facebook.
- *Jeux* : seuls et ensemble pour partager, enseigner, apprendre, offrir des conseils, négocier et donner et recevoir des conseils, des astuces et des solutions.
- *Apprentissage coopératif en ligne* : se soutenir et se guider mutuellement dans les devoirs, les devoirs et la révision des examens.
- *Technologie d'enseignement* : partager et apprendre les uns les autres sur les applications, les nouveaux appareils et les sites utiles.
- *Apprentissage émotionnel* : utiliser les médias numériques pour le soutien entre pairs pour gérer les défis et difficultés personnels et recevoir des conseils.

- *Apprentissage ludique* : essayer et bidouiller pour expérimenter et découvrir.
- *Coproduction* : création de présentations ensemble, création et partage de cyber créations, création d'affiches, de mashups et de vidéos.

L'immortalité numérique n'est pas éthérée, et elle a de réelles conséquences, mais nous ne savons pas encore ce que sont ces dernières. Comme l'immoralité numérique, est à la fois, l' information et en même temps une rupture dans nos théories existantes . Surtout, c'est une rupture; elle est déconcertante et soulève des questions ontologiques difficiles sur la vie, la mort et l'au-delà. Nous suggérons que la dernière étape du voyage vers l'immortalité numérique consiste à passer du statut juste d'un humain virtuel basé sur l'intelligence artificielle générale à acquérir la sensibilité et la conscience et à devenir des sapiens virtuels. La difficulté ici est que la création d'un immortel numérique n'est pas simplement une question d'apprentissage, mais une question de sensibilité. La sensibilité est quelque chose de plus que l'intelligence et est certainement au-delà de ce que montrent tous (ou presque tous) les animaux; il s'agit de la conscience de soi, de la réalisation de soi et d'avoir un récit interne cohérent, un dialogue interne et une auto-réflexion. Il est possible de coder un immortel numérique qui apparaît faire beaucoup des choses qui définissent la sensibilité, mais cela signifierait-il que l'on a créé la sensibilité (ce qui semble improbable) ou peut-être que la sensibilité doit être un comportement émergent?

Ce qui est devenu évident grâce à ce projet, c'est qu'une grande partie des logiciels actuellement disponibles pour créer votre propre immortel numérique manque de capacités à long terme et approfondies pour apprendre et gérer une vie après la mort numérique efficace. Cependant, nous pensons que Virtual Barry pourrait être adapté et utilisé pour créer un personnage numérique durable et peut être maintenu ou supprimé selon les souhaits de ceux qui souhaitent créer un personnage avant la mort ou de ceux qui sont laissés pour compte souhaitant le conserver ou le supprimer. Les complexités juridiques liées à la gestion des questions de préservation et de confidentialité, et les implications juridiques d'une présence continue au-delà du contrôle autonome de la présence mortelle, restent à la fois une énigme éthique et législative.

Il est clair que la mort à l'ère numérique est complexe car nous avons maintenant une persistance posthume et les opportunités pour les morts physiques d'affecter la vie actuelle d'une manière qui n'était pas possible dans les générations précédentes. Alors que la création d'humains virtuels et les possibilités d'immortalité numérique réaliste restent dans quelques années, nombre de ces opportunités sont à la fois troublantes et gênantes, ainsi que la complexité accrue de la manière dont l'immortel numérique apprendra et apprendra efficacement.

Au milieu des développements technologiques rapides, les questions de deuil semblent avoir été laissées de côté, ainsi que les préoccupations éthiques et juridiques. Alors qu'il y a une augmentation de la recherche sur la mort en ligne, l'écart entre cela et le développement technologique continue de se creuser.

Finalement ce que nous appelons le début est souvent la fin. Et faire une fin, c'est faire un début. La fin restera toujours le point de départ.

CHAPITRE IXI

Internet prosterné.

Le roi Nabuchodonosor roi avait rêvé d'une immense statue à la tête d'or, au torse et aux bras d'argent, aux cuisses de bronze et aux jambes de fer. Quant à ses pieds, ils étaient faits d'argile. Une pierre se serait alors détachée d'elle-même, frappant la statue aux pieds, ce qui les brisa et entraîna le bris de la statue toute entière.

Virtual Barry, notre ami Joe Black ainsi que tous les ressuscités numériques ont choisi de continuer à hanter Internet comme un flying Dutchman des mers de l'océan digital qu'est Internet ce monstre immortel aussi. Du moins, nous le pensons , car en fait toute chose a forcément un talon d'Achille, une faiblesse fatale. Une partie de la réponse réside dans le quartier des Docklands de Londres: niché juste au nord-est de Canary Wharf se trouve un grand bâtiment sans prétention. Son extérieur gris et monolithique est entouré d'une clôture métallique et des caméras de sécurité sont disséminées le long de ses murs sans fenêtres. Aucun panneau ni aucune signalisation n'explique aux passants de quoi il s'agit, ni à qui il appartient. Mais il abrite un nœud important sur Internet. Il s'appelle «Linx», le London Internet Exchange , et c'est l'un des plus grands points d'échange de trafic sur Internet partout dans le monde. Matthew Prince, PDG du réseau de diffusion de contenu CloudFlare, estime le nombre de grandes installations comme Linx à environ 30.

Ces bâtiments, disséminés à travers le monde, sont le lieu où les réseaux de fournisseurs comme Virgin ou Comcast se réunissent pour échanger leur trafic. En supprimant les 30 bâtiments, Internet lui-même cesserait probablement en grande partie de fonctionner. Ce genre de scénario apocalyptique n'est cependant pas très probable ou réalisable. Ces types d'installations Internet importantes sont extrêmement bien protégés, car leurs grands réseaux résilients contribuent à former l'épine dorsale d'Internet. Peut-être que couper les liens entre de tels endroits serait alors un moyen plus simple de briser Internet?

Il y a d'innombrables kilomètres de câbles enroulés dans le monde entier, et bon nombre des plus gros sont simplement couchés sans protection sous l'eau des mers et océans. En effet, les câbles sont parfois coupés par accident, par exemple lors de tremblements de terre ou lorsque les ancres des navires les traversent sur le fond marin. Mais les effets de ces défaillances dans l'infrastructure physique du réseau ne sont pas aussi importants que vous pourriez le penser, car ils se heurtent à la résilience initialement conçue du système. Ce sont des gens comme Paul Baran, un ingénieur américain d'origine polonaise, que nous pouvons remercier pour cela. Baran est l'une des rares personnes qui, au début des années 1960, pensaient qu'un réseau de communication pouvait être conçu avec une capacité de survie physique significative, pour résister même à une attaque nucléaire. Il a écrit de nombreux articles fascinants à ce sujet , mais au début, personne ne l'a pris au sérieux. Cela aurait pu rester comme ça, sauf pour Donald Davies, un informaticien gallois, qui a eu la même idée fondamentale que Baran, de manière totalement indépendante et presque exactement au même moment. Leur idée s'appelait commutation de paquets et décrit un protocole de communication qui décompose les messages en petits blocs, ou paquets. Ceux-ci sont tirés sur un réseau via l'itinéraire le plus rapide disponible jusqu'à ce qu'ils arrivent tous à destination, où ils sont ensuite réassemblés. C'est une architecture spectaculaire quand on y pense. La communication de bout en bout où les points finaux ne se soucient pas de ce qui se trouve au milieu est une idée très puissante.

C'est pourquoi couper les câbles ou saboter les centres de données hors ligne ne cause que des dommages limités au réseau dans son ensemble. Même la déconnexion de régions entières, comme la Syrie , ne limitera pas nécessairement les communications internes au sein des réseaux syriens , bien que, bien sûr, l'accès à des sites Web externes comme Google ne soit plus possible.

Finalement, cependant, les gens ont réalisé que la merveilleuse capacité d'Internet à réacheminer le trafic pouvait être utilisée contre lui. L'une de ces méthodes est une attaque par déni de service distribué (DDoS), dans laquelle un énorme flux de trafic est délibérément envoyé à des serveurs qui ne peuvent pas faire face à la surcharge. Les attaques DDoS sont de plus en plus courantes et constituent l'une des menaces contre lesquelles CloudFlare et d'autres réseaux sont conçus pour protéger leurs clients. La très haute capacité du réseau CloudFlare peut simplement absorber ce «mauvais» trafic et le rediriger, de sorte que les sites Web publics attaqués restent en ligne. Mais gérer le problème devient de plus en plus difficile.

Le détournement BGP "border gateway protocol" est une autre préoccupation majeure. BGP signifie protocole de passerelle frontalière. Il s'agit d'un système clé qui indique au trafic Internet avec ses milliards de paquets où aller. Pendant longtemps, on a simplement supposé que les routeurs BGP positionnés à divers points du réseau envoyaient toujours les paquets dans la bonne direction. Ces dernières années, cependant, il est apparu que le trafic pouvait être subrepticement redirigé si les informations de destination enregistrées dans les routeurs étaient manipulées, peut-être par des pirates informatiques. Un tel détournement signifierait que d'énormes quantités de données Internet pourraient effectivement être volés ou espionnés par des tiers, tels que des agences de renseignement.

L'autre conséquence potentielle, est que de grandes parties du trafic pourraient être envoyées vers des zones du réseau qui sont plus facilement submergées. Quelque chose de ce genre s'est produit il y a quelques années lorsque le gouvernement pakistanais a tenté d'empêcher les gens du pays de regarder YouTube. Les itinéraires BGP au Pakistan ont été modifiés, mais ces informations ont été copiées dans le monde entier. Un grand nombre de personnes n'ont pas pu accéder à YouTube et tout le trafic a été envoyé au Pakistan, où l' infrastructure réseau a été rapidement surchargée. Il a même été théorisé que la surcharge des routeurs avec des mises à jour BGP pourrait mettre tout Internet hors ligne .

Le trafic réacheminé peut causer des maux de tête inattendus aux personnes qui tentent de maintenir les serveurs et les systèmes en ligne en marche. Cependant, bien que la plupart de ces problèmes aient été connus pour causer des «perturbations» et certains pourraient, en théorie, briser Internet , il n'y a jamais eu de cas où tout Internet est tombé en panne. Cela ne veut pas dire que nous ne devrions pas penser à cette possibilité. Une éventuelle attaque massive pour faire tomber tout Internet est en fait possible. Il est peu probable que les attaques physiques sur l'infrastructure d'Internet causent beaucoup de dégâts permanents. La destruction d'un nœud dans un réseau de 1000 nœuds ne supprimera pas tout le réseau, bien sûr. Mais que se passe-t-il si vous trouvez une vulnérabilité logicielle qui affecte les 1 000 nœuds? Alors là, vous avez un problème.

Dans ce cas, ce n'est pas un échec indépendant de 1 000 points, ce n'est qu'un échec d'un point. Il existe des méthodes pour perturber Internet qui seraient très difficiles à détecter. Il a été expérimenté le «raccordement» d'un signal de données et l'insertion de niveaux de bruit élevés. Vous pouvez le faire, en vous rendant dans des boîtes de jonction à faible sécurité dans des endroits éloignés du monde entier et en plaçant simplement une boîte noire de sabotage entre l'électronique et les câbles à fibres optiques.

La pire chose à faire serait de mettre suffisamment de bruit dans le signal pour que le système ne soit pas complètement en panne, mais il est tellement sujet aux erreurs que la plupart des paquets qui passent sont illisibles. Le réseau devrait constamment demander une retransmission et il pourrait ralentir jusqu'à, disons, 1% de sa capacité. Les gens qui dirigent le réseau ne sauraient pas ce qui les a frappés. Ils penseraient juste que c'était exceptionnellement occupé.

Banques, commerce, systèmes gouvernementaux, communication personnelle, appareils électroménagers , une grande partie de notre monde moderne repose sur le maintien d'Internet. Une perturbation localisée et temporaire n'est guère plus qu'une nuisance. Mais si Internet devenait vraiment sombre, nous aurions des problèmes.

Le vrai problème, cependant, est que nous ne savons pas exactement à quel point le problème serait grave. Personne ne comprend vraiment exactement tout ce pour quoi Internet est actuellement utilisé. Nous ne savons pas quelles seraient les conséquences d'une attaque par déni de service efficace sur

Internet. Frustrant, cependant, comme il n'y a jamais eu un déni de service aussi complet, personne ne semble trop inquiet de l'avertissement selon lequel Internet pourrait un jour s'arrêter. Il est difficile d'amener les gens à se concentrer sur le plan B alors que le plan A semble si bien fonctionner. La vérité est que nous avons tellement besoin d'Internet que personne ne veut penser qu’un jour il puisse cesser de fonctionner . Mais peut-être qu'un jour, un autre 11 septembre digital, cette question reviendra nous hanter...

CHAPITRE X

Cerveau sur puce, puce dans le cerveau, ou cerveau en mode software polymorphe?

Couplée au développement des protocoles de communication Internet et à la virtualisation des machines, la révolution numérique a rendu possible la disponibilité de capacités de calcul intensif hautement et facilement évolutives sur le cloud. À partir de là, le flux en croissance exponentielle de données haute résolution produites jour après jour par des humains et des machines connectés pourrait être traité par des algorithmes. Ces contextes ont enfin rendu possible l'épanouissement d'une ancienne branche de la science informatique, appelée apprentissage machine, où les algorithmes sont capables de trier automatiquement les modèles complexes à partir d'ensembles de données très volumineux, soit par l' apprentissage surveillé ou non surveillé. La convergence de deux branches de l'apprentissage automatique en particulier a démontré des résultats impressionnants au cours des cinq dernières années: l'apprentissage profond et l'apprentissage renforcé.

Pour mieux comprendre l'intelligence artificielle en tant que domaine interdisciplinaire, il est utile de tracer et d'analyser sa frontière avec la robotique. Dans les deux cas, on parle de «machines» (puisqu'un algorithme est un robot, d'où le mot raccourci «bot» pour désigner les programmes informatiques conversationnels); mais si la robotique est essentiellement matérielle dans ses manifestations, et opère à l'intersection du génie mécanique, de l'électrotechnique et de l'informatique, l'intelligence artificielle est pour la plupart immatérielle et virtuelle dans ses manifestations. Pour simplifier à des fins analytiques, on peut dire que, dans une «machine autonome», l'IA est l'intelligence, et se réfère aux fonctions cognitives, tandis que la robotique se réfère aux fonctions motrices.

Pour affiner ensuite notre compréhension de l'état de l'IA aujourd'hui et où elle pourrait aller dans le futur, nous devons nous tourner vers sa relation avec le domaine interdisciplinaire des neurosciences. La renaissance de l'IA depuis 2011 est principalement attribuée au succès d'une branche de l'apprentissage automatique appelée «réseaux de neurones artificiels profonds» (également appelé apprentissage profond), soutenue par une autre branche appelée «apprentissage par renforcement». Les deux branches prétendent imiter vaguement la façon dont le cerveau traite les informations, de la manière dont elles apprennent grâce à la reconnaissance de formes.

Il est crucial de ne pas exagérer l'état actuel de convergence entre l'IA et les neurosciences. À ce jour, notre compréhension des processus biochimiques extrêmement complexes qui gèrent le cerveau humain reste bien au-delà de la portée de la science. En bref, le cerveau humain reste en grande partie une «boîte noire» et la neuroscience sait comment le cerveau fonctionne. Une convergence plus significative entre les domaines de l'IA et des neurosciences devrait se déployer plus tard ce siècle, alors que nous entrons dans la «boîte noire» et cherchons à comprendre le cerveau humain plus en profondeur.

En effet, la frontière entre les fonctions cognitives et motrices est poreuse, car la mobilité nécessite de ressentir et connaître l'environnement. Par exemple, les progrès de l'apprentissage automatique ont joué un rôle crucial dans la vision par ordinateur. Cela dit, s'appuyer sur la matérialité comme critère de différenciation est utile car elle entraîne des conséquences industrielles majeures affectant le potentiel de croissance des machines autonomes: plus les fonctions motrices sont complexes, plus la croissance est lente, et inversement. Les symboles les plus populaires de la convergence entre l'IA et la robotique sont les voitures autonomes et les robots humanoïdes.

Boston University est bien connue pour ses travaux en neurosciences computationnelles, créant des algorithmes informatiques qui décrivent le comportement complexe des cerveaux. Le Neuromorphics Lab s'appuie sur cette tradition, mais se concentre sur la transformation de ces connaissances fondamentales en applications réelles. Le projet principal est un programme ambitieux visant à développer un «cerveau sur puce». Le projet, baptisé MoNETA (Modular Neural Exploring Travelling Agent), également le nom de la déesse romaine de la mémoire, deviendrait le cerveau sur puce d'agents virtuels et robotiques capables d'apprendre par eux-mêmes à interagir avec de nouveaux environnements, en utilisant les informations qu'ils glanent. prendre des décisions et effectuer des tâches. Brain on a chip serait capable de traduire des modèles neuronaux en matériel portable de faible puissance, cette puce a été conçue par Ajay Joshi, un professeur assistant d'ingénierie électrique et informatique ENG, et Schuyler Eldridge.

Pour démontrer cette idée, Anatoli Gorchetchnikov , chef de projet MoNETA, professeur assistant de recherche CAS au Center for Adaptive Systems du département des systèmes cognitifs et neuronaux, montre une expérience psychologique classique, appelée le labyrinthe d'eau de Morris. Un dessin animé représente la position d'un rat qui tombe dans une piscine ronde d'eau. Les rats savent nager, mais ils n'aiment pas; l'animal explore la piscine jusqu'à ce qu'il trouve une plate-forme partiellement submergée sur laquelle il peut se tenir debout. Lors des essais ultérieurs, il se souvient de l'emplacement de la plate-forme et la trouve beaucoup plus rapidement. Dans ce cas, cependant, au lieu d'un vrai rat, il s'agit d'un programme informatique conçu pour imiter le comportement d'un rat. Mais plutôt que d'être programmé avec la tâche explicite de trouver la plate-forme, ce programme a une série de motivations: un manque de confort dans l'eau le motive à trouver un terrain solide, par exemple, tandis qu'une «pulsion de curiosité» l'oblige à chercher à proximité des endroits où ça n'a pas été avant. L'idée est de créer des algorithmes qui produisent un comportement réaliste sans dire explicitement au programme quoi faire.

Modéliser les complexités du cerveau n'est que la première tâche. Alors que certains membres du laboratoire créent des modèles informatiques du cerveau, le groupe travaille également en partenariat avec Hewlett-Packard pour développer le système d'exploitation d'un tel cerveau, appelé Cog Ex Machina, ou Cog. Ce logiciel fonctionnera sur un memristor, un type innovant de composant électrique de seulement quelques atomes de large, créé par HP. Une différence clé entre la façon dont les cerveaux sont câblés et la façon dont les ordinateurs sont câblés est que les ordinateurs stockent les informations dans un endroit distinct de celui où ils les traitent: lorsqu'ils effectuent un calcul, ils récupèrent les informations nécessaires de la mémoire, exécutent la tâche de traitement et puis stockez le résultat dans un autre emplacement. Cependant, les cellules cérébrales parviennent à faire tout cela au même moment et au même endroit, ce qui rend le transfert d'informations d'une cellule à l'autre beaucoup plus rapide et plus efficace.

Une autre différence clé est la puissance. Malgré toute sa formidable activité, le cerveau humain fonctionne sur l'équivalent d'une ampoule de 20 watts. Si l'objectif est de créer une machine en mouvement libre avec une intelligence comparable à celle d'un petit mammifère, cela ne peut pas impliquer de gros supercalculateurs gourmands en énergie. Une telle machine doit avoir un «cerveau» dense, compact et nécessitant peu d'énergie. Les memristors, permettent aux concepteurs de matériel de construire des puces avec une densité sans précédent qui fonctionnent à très faible puissance. Les Memristors ont plusieurs caractéristiques attrayantes qui les rendent convaincants pour les informaticiens: ils nécessitent moins d'énergie pour fonctionner et sont plus rapides que les technologies actuelles de stockage à semi-conducteurs et ils peuvent stocker au moins deux fois plus de données dans la même zone. Les memristors sont pratiquement insensibles aux rayonnements, qui peuvent perturber les technologies basées sur les transistors.

Différent d'une résistance électrique qui a une résistance fixe, un memristor possède une résistance dépendante de la tension, ce qui signifie que les propriétés électriques d'un matériau sont essentielles. Un matériau memristor doit avoir une résistance qui peut changer de manière réversible avec la tension. Les memristors ont une structure très simple , souvent juste un film mince en dioxyde de titane entre deux électrodes métalliques. Les scientifiques ont pu montrer que divers matériaux tels que les oxydes métalliques, les chalcogénures, le silicium amorphe, le carbone et les matériaux composites polymère-nanoparticule présentent des phénomènes mémristifs. Ils ont même démontré que des biomatériaux naturels comme les protéines peuvent être utilisés pour fabriquer des nanodispositifs bipolaires memristifs .

Les chercheurs ont également démontré la capacité de contrôler de manière réversible les propriétés d'apprentissage des memristors via des moyens optiques, c'est-à-dire la lumière. Le grand intérêt pour les dispositifs à mémoire provient également du fait que ces dispositifs émulent la mémoire et les propriétés d'apprentissage des synapses biologiques. c'est-à-dire que la valeur de résistance électrique de l'appareil dépend de l'historique du courant qui le traverse. Il y a un effort énorme en cours pour utiliser des dispositifs à memristor dans des applications de calcul neuromorphique et il est désormais raisonnable d'imaginer le développement d'une nouvelle génération de dispositifs intelligents artificiels à très faible consommation d'énergie (non volatile), à performances ultra-rapides et à haute densité. l'intégration.

Les ordinateurs ont des unités de traitement et de stockage de mémoire séparées, tandis que le cerveau utilise des neurones pour exécuter les deux fonctions. C'est l'une des raisons pour lesquelles les réseaux de neurones peuvent réaliser des calculs compliqués avec une consommation d'énergie nettement inférieure à celle d'un ordinateur numérique. L'un des éléments clés de tout effort neuromorphique - la conception de systèmes neuronaux artificiels avec des architectures physiques inspirées des systèmes nerveux biologiques - est la conception de synapses artificielles. Le cerveau humain contient beaucoup plus de synapses que de neurones par un facteur d'environ 10000 et il est donc nécessaire de développer un dispositif nanométrique, de faible puissance, semblable à une synapse si les scientifiques veulent faire évoluer les circuits neuromorphiques vers le niveau du cerveau humain.

Un memristor s'apparente à une synapse dans le cerveau humain car il présente les mêmes caractéristiques de commutation, c'est-à-dire qu'il est capable, avec un haut niveau de plasticité, de modifier l'efficacité du transfert de signal entre neurones sous l'influence du transfert lui-même. C'est pourquoi les chercheurs espèrent utiliser des memristors pour la fabrication de synapses électroniques pour le calcul neuromorphique qui imitent certains des aspects de l'apprentissage et du calcul dans le cerveau humain.

Les neuroscientifiques ont fait valoir que les comportements de compétition et de coopération entre les synapses sont très importants. Déjà, les chercheurs ont fabriqué des dispositifs mémristifs qui leur permettent de mettre en œuvre un modèle fidèle de ces comportements synaptiques dans un système à semi-conducteurs .

Le calcul neuromorphique met en œuvre des aspects des réseaux de neurones biologiques sous forme de copies analogiques ou numériques sur des circuits électroniques. Le but de cette approche est double: offrir un outil aux neurosciences pour comprendre les processus dynamiques d'apprentissage et de développement dans le cerveau et appliquer l'inspiration cérébrale à l'informatique cognitive générique. Les principaux avantages du calcul neuromorphique par rapport aux approches traditionnelles sont l'efficacité énergétique, la vitesse d'exécution, la robustesse contre les défaillances locales et la capacité à apprendre.

La citation de l'épigraphe est tirée de la pièce *Comus* , écrite par John Milton en 1634. La pièce, une exhortation à la vertu, suit l'histoire d'une jeune noble qui a été enlevée par un sorcier appelé Comus. Il l'a attachée à une chaise enchantée et a essayé de la séduire avec des arguments sur le charme du plaisir corporel. Malgré tous ses assauts rhétoriques, la femme refuse à plusieurs reprises ses avances et prétend que, quoi qu'il fasse ou dit, elle continuera à affirmer sa liberté d'esprit, qui est au-delà de sa puissance physique. En fin de compte, elle est sauvée par ses frères, qui chassent Comus.

La phrase citée exprime l'idée que l'esprit est une sorte de dernier refuge de liberté personnelle et d'autodétermination. Alors que le corps peut facilement être soumis à la domination et au contrôle des autres, notre esprit, ainsi que nos pensées, nos croyances et nos convictions, sont dans une large mesure au-delà des contraintes extérieures. Pourtant, avec les progrès de l'ingénierie neuronale, de l'imagerie cérébrale et de la neurotechnologie omniprésente, l'esprit pourrait ne plus être une telle forteresse inattaquable. Comme nous l'expliquerons dans cet article, les neurotechnologies émergentes ont le potentiel de permettre l'accès à au moins certaines composantes de l'information mentale. Si ces progrès peuvent être très bénéfiques pour les individus et la société, ils peuvent également être utilisés à mauvais escient et créer des menaces sans précédent pour la liberté de l'esprit et la capacité des individus à gouverner librement leur comportement.

Dans le contexte de la recherche, les techniques d'imagerie cérébrale sont largement utilisées pour comprendre le fonctionnement du cerveau humain et détecter les corrélats neuronaux des états mentaux et du comportement. Les applications cliniques de l'imagerie cérébrale ainsi que d'autres neurotechnologies améliorent considérablement le bien-être des patients souffrant de troubles neurologiques, offrant de nouveaux outils préventifs, diagnostiques et thérapeutiques. En dehors des cliniques, les applications commerciales omniprésentes offrent rapidement de nouvelles possibilités d'auto-quantification, d'amélioration cognitive, de communication personnalisée et de divertissement pour les utilisateurs normaux. En outre, un certain nombre d'applications de la neurotechnologie deviennent d'un intérêt majeur dans le domaine juridique, en particulier le droit de la responsabilité délictuelle, le droit pénal et l'application de la loi.

D'un autre côté, ces mêmes technologies, si elles sont mal utilisées ou mal mises en œuvre, risquent de créer des formes inégalées d'intrusion dans la sphère privée des gens, de causer potentiellement des dommages physiques ou psychologiques, ou de permettre une influence indue sur le comportement des gens.

En 2013, le président américain Obama a attiré l'attention sur l'impact potentiel des neurosciences sur les droits de l'homme, soulignant la nécessité d'aborder des questions telles que celles concernant la vie privée, le libre arbitre et la responsabilité morale de ses actes; des questions sur la stigmatisation et la discrimination fondées sur des mesures neurologiques de l'intelligence ou d'autres traits; et des questions sur l'utilisation appropriée des neurosciences dans le système de justice pénale .

Cet article commence par explorer les possibilités et les défis actuels de la neurotechnologie et examine les tendances neurotechnologiques qui conduiront cette reconceptualisation éthique et juridique. Après avoir soigneusement analysé la relation entre les neurosciences et les droits de l'homme, cet article identifie quatre nouveaux droits qui pourraient devenir pertinents dans les décennies à venir: le droit à la liberté cognitive, le droit à la vie privée mentale, le droit à l'intégrité mentale et le droit à la protection psychologique. continuité.

La neuroscience et le droit se croisent à de nombreux niveaux et sur différentes questions. Cela n'a rien d'étonnant. Alors que la neuroscience étudie les processus cérébraux qui sous-tendent le comportement humain, les systèmes juridiques sont essentiellement concernés par la régulation du comportement humain. Il est donc raisonnable de prétendre que les deux disciplines sont destinées à être des «partenaires naturels» . L'idée sous-jacente du nouveau domaine appelé «neurolaw» est précisément qu'une meilleure connaissance du cerveau conduira à des lois mieux conçues et à des procédures juridiques plus équitables. Les exemples d'applications potentiellement juridiquement pertinentes de la neurotechnologie sont nombreux. Les techniques d'imagerie cérébrale, par exemple, pourraient éventuellement contribuer à des décisions plus fondées sur des preuves en justice pénale, depuis l'enquête et l'évaluation de la responsabilité pénale, jusqu'à la punition, la réadaptation des délinquants et l'évaluation de leur risque de récidive. Les outils offerts par les neurosciences pourraient également jouer un rôle dans les procédures de droit civil, par exemple dans l'évaluation de la capacité d'un individu à contracter, ou de la gravité de la douleur du plaignant dans les demandes d'indemnisation. De nouvelles technologies de détection de mensonge plus fiables basées sur nos connaissances du fonctionnement cérébral pourraient aider à évaluer la fiabilité des témoins. L'effacement de la mémoire des criminels violents récidivistes et des victimes d'infractions particulièrement traumatisantes (par exemple, les abus sexuels) est également mentionné comme une autre possibilité ouverte par nos nouvelles connaissances du cerveau.

Le volume et la variété des applications de la neurotechnologie augmentent rapidement à l'intérieur et à l'extérieur du milieu clinique et de la recherche. La distribution omniprésente de neuro applications moins chères, évolutives et faciles à utiliser a le potentiel d'ouvrir des opportunités sans précédent à l'interface cerveau-machine et d'intégrer la neurotechnologie dans notre vie quotidienne. Bien que cette tendance technologique puisse générer un immense avantage pour la société dans son ensemble en termes d'avantages cliniques, de prévention, d'auto-quantification, de réduction des biais, d'utilisation de la technologie personnalisée, d'analyse marketing, de domination militaire, de sécurité nationale et même d'exactitude judiciaire, mais ses implications pour l'éthique et la loi reste largement inexplorée. Nous soutenons qu'à la lumière du changement perturbateur que la neurotechnologie est en train de déterminer dans l'écosystème numérique, le terrain normatif doit être préparé de toute urgence pour éviter une mauvaise utilisation ou des conséquences négatives involontaires. De plus, étant donné le caractère fondamental de la dimension neurocognitive, nous soutenons qu'une telle réponse normative ne devrait pas se concentrer exclusivement sur le droit de la responsabilité délictuelle, mais aussi sur des questions fondamentales au niveau du droit des droits de la personne.

La limite finale que nous devons explorer pour cartographier ce futur terrain , est celle de la conscience. Ici, il existe un large consensus parmi les experts: ni les systèmes d'IA les plus avancés actuellement existants, ni ceux qui devraient être développés dans les décennies à venir, ne font preuve de conscience. Les machines , ni les cerveaux dans les puces ne sont conscients d'eux-mêmes, et cette «fonctionnalité» peut ne jamais être possible. Mais, encore une fois, une mise en garde: la science étant encore loin d'avoir expliqué les mystères de la sensibilité animale et de la conscience humaine, cette frontière reste plus fragile qu'il n'y paraît. Et le jour où cette frontière serait atteinte, l'interface homme-machine disparaitrait à jamais. Lorsque le moment viendra pour l'espèce humaine d'évoluer, il nous semblera qu'en manipulant notre propre ADN ou en implantant des ordinateurs dans notre corps, nous avons en quelque sorte pris les rênes du processus et sommes devenus des dieux. Or l'homme a tendance à oublier que dans cette zone frontalière, il lui faut dépasser ses anges et démons.

CHAPITRE XI

L'homme ne cessera de défier sa propre nature...

Et Pharaon dit : "Ô notables, je ne connais pas de divinité pour vous, autre que moi. Haman, allume-moi du feu sur l'argile puis construis-moi une tour peut-être alors monterai-je jusqu'au Dieu de Moïse. Je pense plutôt qu'il est du nombre des menteurs".

Coran (Sourate 28)

La NASA a atterri sur la Lune en 1969, huit ans seulement après que le président John F. Kennedy a ordonné à l'Amérique de battre l'Union soviétique sur la Lune. La mission Apollo 11 de la NASA a été menée par les astronautes Neil Armstrong, Michael Collins et Edwin «Buzz» Aldrin. Mais de retour ici sur Terre, l'atterrissage sur la Lune était le produit de quelque 400 000 personnes derrière le programme spatial Apollo. la NASA célèbre chaque année cet anniversaire de l'incroyable réalisation - la plus grande histoire jamais racontée dans l'histoire de l'exploration humaine. Cependant, toutes ces années plus tard, cela valait-il la peine de dépenser tout cet argent pour Apollo 11 et les six atterrissages lunaires qui ont suivi?

Il y a longtemps, lorsque les humains n'étaient pas occupés à manger, à avoir des relations sexuelles ou à trouver de meilleures façons de manger et d'avoir des relations sexuelles, ils faisaient la guerre à leurs voisins et trouvaient de meilleures façons de faire la guerre. A long terme, ce processus qui impliquait plus de meurtres, de viols et d'esclavage nous a amenés des tribus aux chefferies, aux villes, aux etats, aux empires et aux nations. Et ainsi, 50 000 à 80 000 ans après que l' homo sapiens ait appris à parler, nous y voilà, nous sommes devenu une espèce interconnectée dont la portée et la domination s'étendent sur toute la planète. En effet, les évolutions révolutionnaires qu'Internet apporte en fin de compte dans l'histoire de la vie sur terre sont si profondes que qualifier la prochaine percée des technologies de communication de «singularité» n'est pas trop loin de la base.

Du temps de Babel, les hommes s'unissent pour bâtir une tour et s'élever jusqu'aux cieux. Dieu détruit l'ouvrage pour punir les hommes de l'avoir défié et leur fait parler des langues différentes, de manière à ce qu'ils ne puissent plus se comprendre. Imaginez ce que ce serait si vous pouviez dans le cadre d'un nouveau défi divin, transmettre des pensées et des sentiments entre vous et d'autres personnes sans ouvrir la bouche, mettre un stylo sur papier ou taper un seul mot. L'électronique dans ses diverses applications a non seulement rendu la vie de ses utilisateurs plus confortable, mais a également rendu possible de nombreuses choses qui, il y a quelques décennies, étaient considérées comme impossibles. Sur le même pied, la télépathie autrefois considérée comme un sixième sens ou un concept mythologique va être possible pour l'humanité à l'aide de l'électronique. De nombreuses entreprises électroniques du monde entier s'efforcent de faire de la télépathie électronique une réalité. Les scientifiques et les ingénieurs proposent que l'électronique évolue au point qu'elle amènera notre pensée collective et nos capacités intellectuelles dans une sorte d '«esprit de ruche» global et ainsi un jour pourrait augmenter les processus neuronaux et, ainsi, permettre la «télépathie électronique», ou numérique. communication entre les esprits humains.

Les futuristes pensent que les interfaces cerveau-ordinateur peuvent rendre la télépathie possible. Il y a déjà eu des progrès dans la connexion des cerveaux aux machines, et un pont homme-machine-homme est considéré comme très possible. Et si des ponts homme-machine-homme peuvent être créés, alors un tel lien peut être réalisé sur de grandes distances en utilisant Internet. La télépathie est un thème commun dans la fiction moderne et la science-fiction, avec de nombreux super-héros et super-vilains ayant des capacités télépathiques. Plus récemment, la neuroimagerie a permis aux chercheurs de réaliser des formes précoces de lecture de l'esprit.

La capacité d'étendre et de connecter notre puissance mentale provient d'implants corporels électroniques, d'ordinateurs portables et d'Internet. Si les esprits humains pouvaient travailler directement avec Internet, deux grandes unifications pourraient se produire à la fois. Premièrement, les humains deviendraient plus étroitement liés les uns aux autres. Nous aurions des façons entièrement nouvelles de ressentir la présence, les humeurs et les besoins de chacun. Deuxièmement, l'humanité et son outil, Internet, deviendraient un organisme unique doté de pouvoirs entièrement nouveaux. Cela semble en fait un peu effrayant, mais des craintes similaires ont été soulevées lorsque les télégraphes et les téléphones sont apparus pour la première fois. Et qui aurait pu imaginer le réseautage social il y a 20 ans à peine? Il est souligné que la technologie ne sera pas la lecture des esprits, ni l'implantation de souvenirs ou l'apprentissage instantané, mais encore la capacité d'un esprit câblé à interagir, en temps réel.

Les chercheurs estiment que la communication télépathique avec la nature sera presque obligatoire et courante dans un proche avenir. Les scientifiques croient qu'à l'avenir, il sera peut-être possible de «décoder» les pensées des patients atteints de lésions cérébrales qui ne peuvent pas parler. Dans une étude récente, des chercheurs américains ont pu reconstruire des mots entendus à partir de schémas d'ondes cérébrales. Un programme informatique a été utilisé pour prédire les paroles que les volontaires avaient écoutées en analysant leur activité cérébrale. La recherche a montré que les mots imaginés activent des zones cérébrales similaires à celles des mots qui sont réellement prononcés. L'espoir en outre est que les mots imaginés peuvent être découverts en «lisant» les ondes cérébrales qu'ils produisent. Cependant, un système suffisamment sophistiqué pour obtenir le même résultat de manière non invasive reste encore loin.

Des jouets d'interface cerveau-ordinateur récents comme ceux développés par NeuroSky ont apporté la télépathie réelle au grand public. Le MindFlex fabriqué par Mattel en collaboration avec NeuroSky a même été classé parmi les 100 meilleurs jouets de tous les temps par Time Magazine. Dans ce jeu, le joueur fait flotter une balle en se concentrant dessus; un électroencéphalogramme est utilisé pour juger du niveau de concentration des personnes par mesure directe de l'activité électrique dans leur cerveau, ce casque communique alors avec une plateforme contrôlant la vitesse d'un ventilateur et ainsi le ballon. Les scientifiques ont conçu une interface cerveau-ordinateur qui va encore plus loin. Leurs systèmes utilisaient des sujets portant des capteurs d'électroencéphalographie (EEG) et des LED attachées à des ordinateurs.

Il y a plusieurs problèmes pratiques et éthiques à considérer en ce qui concerne la communication basée sur la pensée. La première est que tout système exigera que les sujets suivent une formation approfondie pour fonctionner correctement. Comment pouvez-vous envoyer des pensées spécifiques tout en protégeant les autres? Vous ne voudriez pas diffuser toutes vos pensées dans le monde entier. Nous devrons concevoir un système facile à contrôler pour que la communication reste claire et privée. Une fois que les humains auront la capacité d'envoyer des pensées, nous devrons également nous inquiéter de la possibilité que les gens conçoivent un système pour espionner les conversations. L'espionnage prendra un nouvel élément. Et puis il y a la possibilité effrayante de la police de la pensée. Quelles protections faudrait-il mettre en place pour empêcher les espions de regarder nos pensées? Certains peuvent craindre que ce type de technologie ne conduise à des dispositifs de «lecture de l'esprit» qui pourraient un jour être utilisés pour écouter la confidentialité de nos pensées.

Étant donné que ces systèmes nécessitent tous une interface cerveau-ordinateur, il y a d'autres problèmes éthiques à considérer. Un système complet peut vous obliger à subir une intervention chirurgicale. Vous aurez peut-être besoin de capteurs implantés dans votre cuir chevelu ou même dans votre cerveau. Cela soulève des inquiétudes quant à la sécurité - est-il médicalement responsable d'implanter des capteurs dans un patient? En supposant que le patient ne souffre pas de paralysie ou d'un autre problème qui l'empêche de parler, un médecin devrait-il pratiquer une telle chirurgie? Qu'en est-il des personnes qui ne veulent pas que des capteurs soient implantés dans leur tête? Ou des gens qui ne veulent pas communiquer par la pensée? Les gens qui choisissent de ne pas adopter cette technologie vont-ils prendre du retard? La race humaine se séparera-t-elle en deux espèces différentes - les cyborgs et les humains traditionnels? Et cela pourrait-il conduire à des problèmes encore plus graves? Pourrions-nous réellement connaître un manque de communication? À l'heure actuelle, il est impossible de répondre à ces questions. Et parce que la technologie en est encore à ses balbutiements, nous avons de nombreuses années pour débattre de la question et éventuellement trouver des solutions à l'avance.

CHAPITRE XII

La pollution numérique

Malgré tout le bien qu'Internet a produit, nous sommes maintenant aux prises avec les effets de la pollution numérique qui sont devenus si potentiellement importants qu'ils impliquent notre bien-être collectif. La première étape consiste à reconnaître le problème et son ampleur. Tout ce que nous faisons avec les technologies numériques a un impact environnemental, et les recherches sur le Web ne sont que la pointe de l'iceberg. Si Internet peut paraître très abstrait, il repose en fait sur des éléments très concrets pour fonctionner, tels que des câbles, des serveurs, des centres de données, des routeurs pour n'en citer que quelques-uns... Tous ces équipements nécessitent de l'électricité pour se construire et fonctionner.

Selon The Shift Project, en 2020, le numérique représente 3,3% de la consommation mondiale d'énergie. Comme le monde tire encore principalement son électricité des combustibles fossiles, cela signifie regarder des vidéos à la demande, envoyer des e-mails, télécharger des photos dans le cloud, utiliser des applications ou faire défiler les réseaux sociaux... Toutes ces petites choses que nous faisons tous les jours sur nos téléphones et nos ordinateurs émettent du gaz carbonique. Voici quelques chiffres éloquents:

- 1 e-mail émet 10g d'équivalent CO2;
- Chaque jour, 294 milliards d'e-mails sont envoyés en moyenne;
- Regarder un spectacle de 30 minutes entraîne des émissions de 1,6 kg d'équivalent CO2;

- Le streaming vidéo en ligne a produit 30 millions de tonnes d'émissions de CO2 (l'équivalent d'un pays comme l'Espagne).

La pollution numérique provient de l'utilisation de l'infrastructure informatique, autant que de la fabrication d'appareils numériques. De l'énergie et des ressources sont également nécessaires pour construire du matériel: il y a actuellement environ 5,5 milliards de smartphones en service, ainsi que des ordinateurs, des tablettes et des appareils connectés à Internet. On estime qu'il y a au moins 40 métaux présents dans un smartphone, et la construction d'un ordinateur portable nécessite 240 kg de carburant fossile, 22 kg de produits chimiques et 1,5 litre d'eau.

Ainsi, l'habitude de changer nos téléphones, tablettes et ordinateurs dès qu'une nouvelle version apparaît est très néfaste pour l'environnement. Une fois utilisés et jetés, ces appareils deviennent des déchets électroniques (appelés e-déchets), qui polluent l'environnement et peuvent être dangereux pour la santé des personnes. Cuivre, plomb et étain, or, silicium pour semi-conducteurs, tantale ou lithium. Les e-déchets contiennent 5 des 6 polluants les plus dangereux au monde répertoriés par Green Cross International.

Le monde étant de plus en plus dépendant des outils numériques, nous devons repenser sérieusement notre utilisation de ces technologies et promouvoir la «sobriété numérique», définie par le projet The Shift comme suit: «acheter les équipements les moins puissants possible, les changer le plus rarement possible , et réduire les utilisations inutiles à forte intensité d'énergie ».

Les particuliers et les entreprises ont un rôle clé à jouer pour promouvoir la sobriété numérique grâce à des comportements responsables. Suppression d'anciens e-mails, nettoyage de votre boîte de réception et désinscription des newsletters polluantes, limitation des destinataires copiés dans vos e-mails, arrêt des requêtes inutiles lors de la recherche via le moteur de recherche, envoi d'e-mails plus légers, limitation de l'utilisation du Cloud au maximum, ou priorisation de la télévision par rapport au streaming... Ce ne sont là que quelques-unes des mesures que vous pouvez prendre pour limiter votre impact sur l'environnement.

Nous sommes allés au-delà du point où nos inquiétudes à l'égard des services en ligne pouvaient cacher des individus cherchant à nuire , commettre des crimes, cacher de la pornographie juvénile, recruter des terroristes. Nous sommes maintenant face à face avec un système qui est ancré dans chaque structure de nos vies et institutions, et qui façonne lui-même notre société de manière à avoir un impact profond sur nos valeurs fondamentales.

Nous avons raison de nous inquiéter. L'anxiété et la peur accrues, la polarisation, la fragmentation d'un contexte partagé et la perte de confiance sont quelques-uns des impacts les plus apparents de la pollution numérique. La dégradation potentielle des capacités intellectuelles et émotionnelles, telles que la pensée critique, l'autorité personnelle et le bien-être émotionnel, est plus difficile à détecter. Nous ne comprenons pas entièrement la cause et l'effet des toxines numériques. L'amplification des croyances les plus odieuses dans les publications sur les réseaux sociaux, la diffusion d'informations inexactes en un instant, l'anonymisation de notre discours public et les vulnérabilités qui permettent aux gouvernements étrangers d'interférer dans nos élections ne sont que quelques-uns des nombreux phénomènes qui se sont accumulés. au point que nous avons maintenant une réelle angoisse quant à l'avenir de la société démocratique.

Dans un sens, les géants des nouvelles technologies qui façonnent en grande partie notre monde en ligne ne font rien de nouveau. Amazon vend des produits directement aux consommateurs et utilise les données des consommateurs pour générer de la valeur et des ventes; Google et Facebook attirent votre attention avec les informations que vous voulez ou dont vous avez besoin, et en échange vous mettent des publicités devant vous; les journaux ont commencé la même pratique au dix-neuvième siècle et ont continué à le faire au vingt et unième -même si, grâce, en partie, à Google et Facebook, ce n'est plus aussi lucratif. L'instantanéité et la connectivité d'Internet permettent à une nouvelle pollution numérique de circuler de manière sans précédent. Cela peut être compris à travers trois idées: la portée, l'échelle et la complexité.

La portée de notre monde numérique est plus large et plus profonde que ce que nous avons tendance à reconnaître. Il est plus large car il touche tous les aspects de l'expérience humaine, les réduisant tous à un seul petit écran qui anticipe ce que nous voulons ou «devrions» vouloir. Après l'adoption généralisée des médias sociaux et des smartphones, Internet est passé d'un outil qui nous a aidés à faire certaines choses à la surface principale de notre existence même. Les données circulent dans notre télévision intelligente, notre réfrigérateur intelligent et les assistants de localisation et vocaux de nos téléphones, voitures et gadgets, et reviennent sous la forme de services, de rappels et de notifications qui façonnent ce que nous faisons et comment nous nous comportons.

C'est plus profond parce que l'influence de ces services numériques va jusqu'au bout, pénétrant notre esprit et notre corps, notre cœur chimique et biologique. Il est de plus en plus évident que les 150 fois par jour que nous vérifions nos téléphones pourraient profondément influencer nos comportements et nos échanges sur nos systèmes de récompense psychologique d'une manière plus répandue que n'importe quel autre média.

Les systèmes prédictifs organisent et filtrent. Ils interprètent notre moi le plus profond et le contenu micro-cible que nous aimerons afin de faire avancer les agendas des spécialistes du marketing, et des politiciens. Et à chaque clic (ou juste le temps passé à regarder quelque chose), ces outils obtiennent un retour immédiat et plus d'informations, y compris le Saint Graal dans la publicité: déterminer la cause et l'effet entre les publicités et le comportement humain. La capacité de rassembler des données, de cibler, de tester et de boucler à l'infini est le rêve de tous les spécialistes du marketing, qui prend vie dans les parcs de bureaux de la Silicon Valley. Et plus nous dépendons de la technologie, plus elle nous change.

L'ampleur de l'influence d'Internet sur nous s'accompagne d'un problème d'échelle. L'instantanéité avec laquelle Internet connecte la majeure partie du globe, combinée au type de structure ouverte et participative que les «fondateurs» d'Internet recherchaient et valorisaient, a créé un flux d'informations et d'interactions que nous ne pourrions peut-être pas gérer ou contrôler en toute sécurité.

L'un des principaux moteurs de cette échelle est la facilité et le coût de création et de téléchargement de contenu, ou de commercialisation de services ou d'idées. Les services Internet s'efforcent de vider toutes les frictions de chaque transaction. Tout le monde peut désormais louer son appartement, vendre ses affaires, publier un article ou une idée, ou simplement amplifier un sentiment en cliquant sur «J'aime». L'abaissement des barrières a, à son tour, incité à la façon dont nous nous comportons sur Internet, à la fois dans le bon et dans le mauvais sens. Le faible coût de production a permis plus de liberté d'expression que jamais auparavant, a suscité de nouveaux moyens de fournir des services précieux et a facilité la création de liens vertueux à travers le monde. Il est également plus facile de troller ou de transmettre de fausses informations à des milliers d'autres. Cela nous a rendus vulnérables à la manipulation par des personnes ou des gouvernements avec des intentions malveillantes.

Le volume des connexions et du contenu est écrasant. Facebook compte plus de deux milliards d' utilisateurs actifs chaque mois. Google exécute trois milliards et demi de recherches par jour. YouTube diffuse plus d'un milliard d'heures de vidéo par jour. Ces chiffres défient la compréhension humaine de base. Plutôt que de considérer les besoins humains réels, les gens et la société évoluent vers ce que la technologie numérique soutiendra.

Le troisième défi est que la portée et l'ampleur de ces effets reposent sur des systèmes algorithmiques et d'intelligence artificielle de plus en plus complexes , limitant notre capacité à exercer une gestion humaine. Lorsque la chaîne de montage d'Henry Ford ne fonctionnait pas, un responsable d'étage pouvait enquêter sur le problème et identifier la source d'une erreur humaine ou mécanique. Une fois que ces systèmes sont devenus automatisés, les machines pourraient être soumises à des tests et des diagnostics et démontées en cas de problème. Après la numérisation, nous avions encore une bonne idée de ce que le code informatique produirait et pouvions analyser le code ligne par ligne pour trouver des erreurs ou d'autres vulnérabilités.

Les systèmes d'apprentissage automatique à grande échelle ne peuvent pas être audités de cette manière. Ils utilisent les informations pour apprendre à faire les choses. Comme un cerveau humain, ils changent à mesure qu'ils apprennent. Lorsqu'ils tournent mal, les systèmes d'intelligence artificielle ne peuvent pas avoir de conscience. Nous ne pouvons pas non plus prédire exactement ce qu'ils feront dans des circonstances inconnues. Parce qu'ils évoluent en fonction des données qu'ils absorbent, ils ont le potentiel de se comporter de manière inattendue.

Les éléments mêmes qui ont fait d'Internet une force incroyable pour le bien se réunissent également pour créer de nouveaux problèmes. Le changement est si fondamental que nous ne comprenons pas vraiment les impacts avec clarté ou consensus. Comment appelle-t-on le discours de haine lorsqu'il est multiplié par des dizaines de milliers d'utilisateurs humains et non humains pour un effet concentré? Comment appelle-t-on le redlining quand il est utilisé implicitement par une machine attribuant des milliers de notes de crédit par seconde d'une manière que le créateur de la machine ne peut pas tout à fait suivre? Comment appelle-t-on la détérioration de nos capacités intellectuelles ou émotionnelles résultant de la vérification trop fréquente de nos téléphones?

Nous avons besoin d'une compréhension commune, non seulement des avantages de la technologie, mais aussi de ses coûts pour notre société et nous-mêmes.

La société humaine est désormais confrontée à un choix critique: traiterons-nous les effets du numérique et de l'expérience numérique comme quelque chose à gérer collectivement? À l'heure actuelle, la réponse fournie par ceux qui ont la plus grande concentration de pouvoir est non.

Les grandes sociétés Internet considèrent bon nombre de ces décisions comme les leurs, même si les PDG insistent sur le fait qu'ils ne prennent aucune décision significative. Il ne peut y avoir d'illusions ici, les dirigeants d'entreprise font des choix sociétaux critiques. Chaque grande entreprise Internet a une certaine forme de «normes communautaires» concernant les pratiques et le contenu acceptables; ces normes sont l'expression de leurs propres valeurs. Le problème est que, compte tenu de leur rôle omniprésent, les valeurs de ces entreprises en viennent à régir toute notre vie sans notre contribution ou notre consentement. Les forces commerciales prennent des questions de base hors de nos mains. Nous continuons d'accepter une sorte de déterminisme technologique: la technologie marche simplement vers moins de friction, plus d'ubiquité, plus de commodité.

Cela est évident, par exemple, lorsque les leaders de la technologie parlent du volume de contenu. Il est considéré comme inévitable qu'il doit y avoir des milliards de messages, des milliards d'images, des milliards de vidéos. C'est également évident lorsque ces mêmes dirigeants parlent aux investisseurs institutionnels dans le cadre d'appels de résultats trimestriels. L'accent est mis sur l'entreprise: plus d'utilisateurs, plus d'engagement et une plus grande activité. La croissance stagnante est sanctionnée par le cours de l'action. Les pressions commerciales ont eu un impact sur l'évolution des entreprises fournissant des services sur Internet.

La recherche de profits et de domination du marché est inculquée dans les systèmes d'intelligence artificielle qui ne sont pas câblés pour se demander pourquoi. Mais nous ne sommes pas des machines; on peut se demander pourquoi. Nous devons confronter le fonctionnement de ces technologies et évaluer les conséquences et les coûts pour nous et pour d'autres parties de notre société. Nous avons tendance à considérer la pollution comme quelque chose qui doit être éradiqué. La population, la richesse, la mortalité infantile, la durée de vie et la morbidité ont tous évolué de façon dramatique dans la bonne direction depuis la révolution industrielle. La pollution est un sous-produit de systèmes destinés à produire un bénéfice collectif. C'est pourquoi l'étude de la pollution industrielle elle-même n'est pas un jugement sur les actions qui sont globalement bonnes ou mauvaises. Il s'agit plutôt d'un mécanisme permettant de comprendre les effets suffisamment importants pour nous influencer à un niveau qui nous oblige à réagir collectivement.

Nous devons désormais revendiquer collectivement la maîtrise de la pollution numérique. Ce à quoi nous sommes confrontés n'est pas la bonne ou la mauvaise décision d'un individu ou même d'une entreprise. Il ne s'agit pas seulement de prendre des décisions économiques. Il s'agit d'analyser sans passion les impacts économiques, culturels et sanitaires sur la société, puis de débattre passionnément des valeurs qui devraient guider nos choix en tant qu'entreprises, en tant qu'employés individuels, en tant que consommateurs, en tant que citoyens et à travers nos dirigeants et élus.

Discours de haine et trolling, prolifération de désinformation, dépendance numérique, ce ne sont pas les conséquences imparables de la technologie. Une société peut décider à quel niveau elle tolérera de tels problèmes en échange des avantages, et ce à quoi elle est prête à renoncer en termes de bénéfices ou de commodité pour éviter des dommages sociaux.

La pollution industrielle est étudiée et comprise grâce à des sciences descriptives qui nomment et mesurent les dommages. Les scientifiques de l'atmosphère et de l'environnement étudient comment les sous-produits industriels modifient l'air et l'eau. Les écologistes mesurent l'impact des procédés industriels sur les espèces végétales et animales. Les économistes de l'environnement créent des modèles qui nous aident à comprendre les compromis entre une règle limitant les émissions des véhicules et la croissance économique. Nous avons besoin d'une compréhension similaire des phénomènes numériques , leur ampleur, leur impact et les mécanismes qui les influencent. Quels sont les différents polluants numériques et à quel niveau sont-ils dangereux? Comme pour les sciences de l'environnement, nous devons adopter une approche interdisciplinaire, en s'inspirant non seulement de l'ingénierie et du design, du droit, de l'économie et des sciences politiques, mais aussi de domaines dotés d'une compréhension approfondie de notre humanité, notamment la sociologie, l'anthropologie, la psychologie et la philosophie.

Pour être juste, la pollution numérique est plus compliquée que la pollution industrielle. La pollution industrielle est le sous-produit d'un processus de création de valeur, et non le produit lui-même. Sur Internet, la valeur et le préjudice sont souvent les mêmes. C'est la commodité de la communication instantanée qui nous oblige à vérifier constamment nos téléphones par crainte de manquer un message ou une notification. C'est la façon dont Internet permet plus d'expression qui amplifie le discours de haine, le harcèlement et la désinformation qu'à n'importe quel moment de l'histoire humaine. Et c'est la personnalisation utile des services qui exige la collecte et la digestion constantes des informations personnelles. La tâche complexe consistant à identifier les domaines dans lesquels nous pourrions sacrifier une valeur individuelle pour prévenir les dommages collectifs sera cruciale pour réduire la pollution numérique. La science et les données éclairent nos décisions.

La question à laquelle nous sommes confrontés à l'ère numérique n'est pas de savoir comment tout avoir, mais comment maintenir une activité précieuse à un prix sociétal sur lequel nous pouvons nous mettre d'accord. Tout comme nous avons adopté des lois sur les niveaux tolérables de déchets et de pollution, nous pouvons établir des règles, établir des normes et définir des attentes en matière de technologie. Peut-être que le monde en ligne sera moins instantané, pratique et divertissant. Mais ces contraintes ne détruiraient pas l'innovation. Ils la canaliseraient, conduisant la créativité dans des directions plus socialement souhaitables.

Des milliers de Londoniens sont morts du choléra des années 1830 aux années 1860. Les causes étaient simples: des quantités massives de déchets humains et de contaminants industriels se déversaient dans la Tamise, voie navigable centrale d'une ville au centre d'un monde en voie d'industrialisation rapide. Les corps des morts étaient aussi jetés dans la Tamise. Le problème a finalement été résolu par un ingénieur et arpenteur talentueux du nom de Joseph Bazalgette, qui a conçu et supervisé la construction d'un réseau d'égouts entièrement intégré à l'échelle industrielle. Une fois terminé, Londres n'a plus jamais souffert d'épidémie majeure de choléra. Finalement, gérer correctement les déchets de millions de Londoniens a demandé beaucoup plus de travail que de les jeter dans la Tamise. Ça valait la peine.

Printed by Books on Demand GmbH, Norderstedt / Germany